爱摄影 / 摄影用光书（1.0）/ 光的美学（3.0）

摄影用光书

于然　赵嘉　爱摄影工社 ｜ 编著
Yu ran Zhao Jia & Aisheying Studio

电子工业出版社·
Publishing House of Electronics Industry
北京·BEIJING

内 容 简 介

本书全面介绍了摄影中与光线相关的知识,涉及从用光到曝光的各个方面,还涉及摄影技术与艺术,旨在通过较通俗的方式,讲解很重要的摄影用光知识,让读者对用光产生浓厚的兴趣。

本书适合摄影爱好者、摄影师参考阅读,也可作为摄影相关专业的教学参考用书。

图书在版编目(CIP)数据

摄影用光书/于然,赵嘉,爱摄影工社编著.--北京:电子工业出版社,2021.9
ISBN 978-7-121-41564-7

Ⅰ.①摄… Ⅱ.①于… ②赵… ③爱… Ⅲ.①摄影光学 Ⅳ.①TB811

中国版本图书馆CIP数据核字(2021)第140584号

责任编辑:姜 伟
印　　刷:北京利丰雅高长城印刷有限公司
装　　订:北京利丰雅高长城印刷有限公司
出版发行:电子工业出版社
　　　　　北京市海淀区万寿路173信箱　邮编:100036
开　　本:787×1092　1/16　印张:20　字数:576千字
版　　次:2021年9月第1版
印　　次:2021年9月第1次印刷
定　　价:128.00元

凡所购买电子工业出版社图书有缺损问题,请向购买书店调换。若书店售缺,请与本社发行部联系,联系及邮购电话:(010)88254888,88258888。
质量投诉请发邮件至zlts@phei.com.cn,盗版侵权举报请发邮件至dbqq@phei.com.cn。
本书咨询联系方式:(010)88254161~88254167转1897。

读 者 服 务

读者在阅读本书的过程中如果遇到问题,可以关注"有艺"公众号,通过公众号中的"读者反馈"功能与我们取得联系。此外,通过关注"有艺"公众号,您还可以获取艺术教程、艺术素材、新书资讯、书单推荐、优惠活动等相关信息。

投稿、团购合作:请发邮件至art@phei.com.cn。

扫一扫关注"有艺"

目　　录

爱摄影工社
图书路线图

爱摄影工社目前针对不同层次的摄影爱好者、业余摄影师和职业摄影师，正在构建比较完整的摄影图书创作体系，内容覆盖摄影技术、工作流程、后期技术、顶级摄影器材以及摄影文化等。

1. 基础书系列

针对普通摄影爱好者，如果你只是想单纯享受摄影为你带来的乐趣，为你推荐我们的基础类图书，目前包括《一本摄影书》《一本摄影书II》和"上帝之眼"系列，未来计划中还有关于观察方式、构图、风光、人像、后期技术方面的书籍。

《一本摄影书》是我们最畅销的摄影入门书，是一本真正从专业摄影师的角度向你传授数码摄影技术、解答摄影疑问、提炼关键知识点的摄影书。同时，书中遴选的300多幅来自全球职业摄影师的高质量照片，将会极大开阔你的眼界，为你带来前所未有的视觉体验。

《一本摄影书II》是一本全新的进阶摄影读本，进一步剖析《一本摄影书》中无法细说的高阶内容；不仅涉及摄影观念、常见误区、作品编辑方法，更对婚礼摄影、建筑摄影、纪实专题、高级肖像摄影、影室摄影、风光摄影等类别进行系统讲解。希望能够拓宽你的视野，运用专业摄影思维来看待世界。

"上帝之眼"系列包括《上帝之眼：旅行者的摄影书》《上帝之眼II：旅行摄影进阶书》《上帝之眼III：拍摄罕见之地》，是一套陪你在旅行中学摄影，直到在旅行中创造优秀作品，甚至成为旅行摄影师的丛书。

它们不仅非常适合初学阅读，而且还可以带上它们在旅途中边学习边拍摄。这套书汇集了来自世界各地的顶尖旅行摄影师和摄影向导的拍摄经验和作品；涵盖关于旅行摄影的方方面面，从旅行摄影的器材与技巧，到选题、观念、高级技术技法，并穿插着大量摄影师的访谈，帮助读者提高拍摄水准。书中还介绍了全球50多个适合于不同季节旅行拍摄的目的地，甚至包括配合徒步、登山、滑雪、攀岩、潜水等特殊的极限旅行方式和特殊的拍摄技法。

《手机拍的！》：随着职业摄影师开始使用手机来工作，手机摄影的天花板也越来越高。这本书使用了大量职业摄影师运用手机拍摄的图片，来展示他们所看到的世界、独特的视角与拍摄技法。并且通过多款著名APP的介绍和运用，教你用手机拍出和他人不同的作品。

2. 系统书系列

作为"一本摄影书"系列的补充，我们的系统书系列适合希望走上职业摄影师之路和有销售自己照片意愿的学生和摄影爱好者阅读。目前包括《摄影构图书：摄影的构图与瞬间》、《摄影用光书》（原名《光的美学》）、《摄影的骨头：高品质数码摄影流程》、《通往独立之路：摄影师生存手册》和《万兽之灵：野生动物摄影书》。未来计划中还会有相机镜头、高级摄影流程、商业摄影、人像摄影、报道和纪实摄影等方向的专业书籍。

《摄影构图：摄影的构图与瞬间》：构图是摄影艺术的核心环节，也是一门严肃的关于艺术创作的学科。对于审美、构图和摄影瞬间的选择，职业摄影师和摄影教育专业人员常常有着不同的见解。本书综合了上述两种见解，帮助你更快地掌握构图知识和构图的技巧。

《摄影用光书》介绍了从用光到曝光的各个方面，教你如何更好地控制光线，从技术到艺术，涉及摄影的多个方面，用通俗易懂的方式来阐释摄影用光知识。

《摄影的骨头：高品质数码摄影流程》是一本以数码后期技术为主的技术提高书，专门介绍如何搭建自己的工作流程，即从前期拍摄、色彩管理、后期处理到作品呈现的完整步骤，以及获得高质量作品的各种重要经验。

《通往独立之路：摄影师生存手册》讲的是摄影师如何通过摄影作品获得更好的收益，包括他们需要面对的法律和市场问题。它的读者是职业摄影师、打算出售自己照片的爱好者和图片的采购者。

《万兽之灵：野生动物摄影书》是迄今为止中文世界最权威的阐述野生动物摄影的专业摄影图书。其中使用了十余位国内外优秀野生动物摄影师的作品，是一本学习自然、了解自然、提升自我修养的读物。

3. 顶级摄影器材系列

顶级摄影器材系列由来已久，目前包括《顶级摄影器材：数码卷》《顶级摄影器材：传统卷》《EOS王朝》《佳能镜界》《经典尼康》《A：微单崛起》。顶级摄影器材很多，但并不是所有的顶级器材都适合你。首先要明确自己的拍摄方向，然后这套书将会带你找到最适合自己的顶级摄影器材。顶级摄影器材系列，都是在严格的测试基础上完成的，多年来为大量的职业摄影师和高级摄影爱好者选择摄影器材提供了翔实准确的帮助。有很多顶尖摄影师参与本系列图书的创作，大家可以在书中读到更多他们对摄影艺术以及器材使用上的真知灼见。

4. 其他

另外，要提到我们出版的第一本摄影书《兵书十二卷：摄影器材与技术》。这是一本影响了百万摄影爱好者的重要作品。虽然它的副标题是"摄影器材与技术"，其实它更多的是阐述和摄影观念相关的知识。我们经常会对它进行内容的更新，使之更能解决读者当下对于摄影的困惑。

除此以外，我们开始和专业的合作伙伴策划制作与摄影文化相关的图书。

"爱摄影工社"所有的图书都会及时更新，使得图书内容与图片以及摄影器材市场变化保持一致。

第1章 曝光入门

光给了我创意的形状和脚本，也是我成为摄影师的原因。

——芭芭拉·摩根

上页图：观察光感、精确地控制曝光、创造性地运用光，可以营造出关于光的美学。好照片，往往是想象力和曝光、用光技巧的完美结合，本书要告诉你的正是这些。

摄影，本是人们的一系列天真的曝光实验，却发展成了一项伟大的技术和艺术。我们外出旅行时已经可以看到每个人手上几乎都有一部相机，大家都在拍摄，每按动一次快门，就会完成一次曝光过程。这一短暂的过程却包含着摄影术的精髓，要完成最优秀的曝光成了很多摄影师毕生的追求。

千百分之一秒的时间，却要用一生来追求，这就是摄影师们的荣耀。无论你是刚刚加入这个队伍，还是已经小有成就，在本书中，都将与让我们一起游览"曝光"这个隐藏在短暂时间中的庞大世界。

初识曝光

曝光，在中文意思里有多解，它可以是新闻记者们处心积虑要公之于众的隐秘事件，也可能是你曝晒你家的被子。但对于摄影师们来说，曝光几乎就是一辈子要做的事情。

曝光，通常只是一个短暂的过程，只是"唰"的一下，一切都完成了，你可以得到一幅比最好的画师画得还要真实的影像。但是这个工作实现的过程却那么漫长。

摄影是一个转化的过程。把光线转化成更持久的物质，把它保存起来，就像化石，动物的骨骼虽然很容易降解，但是化石经过上百万年的时间却保存下来了。

如果你用的是胶片相机，那么光线是被转化为化学物质保留下来的。胶片上的主要感光物质是卤化银，胶片上遇到光线的部分会发生还原反应，形成金属银的颗粒，而没有遇到光线的部分，则不会发生变化。当我们经过冲洗把卤化银漂清的时候，画面中留下的便是银颗粒了，拍摄时光线照射得多的地方，银粒就会比较密集，光线照射得少的地方，银粒就比较稀疏，而没有光线的地方就没有银粒，我们把银粒的密集程度称为密度。这样一来，光线的多少就在画面中用银粒的密度的形式保留下来了。

花絮

银颗粒在画面中并不像大多数人想象的那样，是亮闪闪的，而是黑色的。金属银在细小的状态下可以呈现为黑色的颗粒，而黑白照片上的影像，正是由这"昂贵的黑色颗粒"组成的，黑色比较深的地方就证明银颗粒比较多，而较浅的灰色区域则是由比较稀疏的银颗粒形成的，而纯白色区域没有银粒。

虽然颜色不同，但它毕竟是如假包换的银，很多人收购摄影实验室的废液，可以用另一套工序从中提取出银，当然，这一次是"银闪闪"的银了。但是由于工序复杂，所获也不多，药液又比较贵，因此赚到的并不多，否则所有摄影师都去提取金属银发大财了。

初识摄影的人总是对摄影中的光圈（比如f/2.8、f/64）、快门（比如1/2000s、1/4000s）、感光度（比如ISO200、ISO400）之类的，感到迷惑。于是就会觉得理解曝光是非常难的，大家都倾向于使用自动模式，把这些复杂的数字交给相机处理。本书的目的是让大家放弃这样的预设。其实把这些数字搞清楚，并不难。

在做摄影师之余的时间，我会经常在各地讲学，而最经常遇到的问题是"你这张照片是用什么光圈和快门速度拍摄的呢？"——赵嘉　光圈f/2.8，快门1/15s，RDP胶片ISO100增感至ISO400

在本书中，我们首先将详细介绍相机测光、镜头光圈、快门速度和感光度之间的内在联系，它们就像武林中的"六扇门"一样是完成曝光最重要的"四扇门"。它们也的确是四扇门，分别通往四个非常庞大的世界。只有掌握它们，你才能精准地控制曝光。掌握了它们，你才会体验到无限的拍摄乐趣。

当然，你需要的还有对于光的判断，不同光线条件下，光线效果迥异，如何有效控制这三者，才能得到最好的作品。所以从入门的摄影爱好者，到最好的摄影师，讨论的仍然还是这三个问题。

当然要熟练掌握这三者，它们共同的核心——测光表也是我们需要了解的。然而即便有了测光表，如何使用测光表，测量什么位置才能得到精准成功的曝光？这些问题都是我们将要讨论的。这些都是你从准确记录客观光线到创造性地进行曝光的重要条件。

而随着你对这三者了解的深入，真的"进入"摄影领域，一定会沉浸在对光圈和快门加以控制后的深深喜悦中不能自拔。

每一个摄影爱好者其实对于曝光都是有一分恐惧的，他们都分享了一个共同的理由：就是曝光总是不够准确，或者有时候曝光还可以，但下一张照片可能就非常不理想。总觉得这么多项参数，无从下手一一控制。我希望你在阅读了本书后，能将本书中所介绍的方法一一用到拍摄中，并能得到精准曝光的方法。你的恐惧和忧虑将被十足的自信取代。

从胶片时代到数码时代，一直到数码相机的飞速发展，摄影的世界经历着翻天覆地的转变。但是，我们需要告诉大家的是，改变的事物越多，不变的东西也就越多。相机的基本原理——一个密闭的盒子，配上一个镜头，加上感光物（胶片或者数码相机的CCD和CMOS），光线通过镜头，成像在相机里的感光元件上，这一原理没有变化，也就是说我们的使用基本上没有变化。而这一没有变的过程，就是我们所研究的"曝光"过程。换句话说，无论是数码相机还是胶片相机，无论是你的手机、小卡片机还是数码后背，其原理和使用的基本原则是不变的。

当然我们还有Photoshop等图像处理软件，这些软件可以帮助我们在后期调整照片的质量，使其向我们希望得到的效果靠拢。但是你需要注意的是，即便想使用后期软件调整，也要保证前期曝光准确，这样后期的调整空间越大，最终的效果也越有可能接近你所设想的效果。而且假设你要拍摄一组旅行照片，是愿意把时间更多地花在家里的计算机前，还是美丽的景象前呢？所以尽量享受你在拍照片时的创作乐趣吧。

对于很多读者来说，本书的内容可能是个全新的世界，而对于一些已经喜欢摄影有一段时间的朋友来说，书中提到的有些可能是听说过的，但是一直没有来得及做更多的研究。无论你处于哪个阶段，接下来的内容，都会让你了解一个更有趣的光的世界。

曝光入门技巧

其实无论理解与否，我们已经在进行着曝光的操作了。开始尝试曝光并不难，如何控制曝光让我们的照片更富有艺术感，才是摄影师们永无止境的追求。为了不让大家一上来就在复杂的概念和计算中茫然无措，接下来介绍几种简单易学的技巧，解决几个在拍摄中常常会困扰我们的问题。

1. 曝光锁定

相机一般都有自动测光功能，一般测光的重点都在中心，相机会按照处于画面中心的物体的亮度进行测光，如果中心很亮，拍出的照片就黑一些，反之则会拍出比较白的照片。假设我们在夜晚拍摄水立方，如果要把五彩斑斓的水立方放在画面中间，拍出的整个画面可能就会比较暗，旁边没有灯光的景物就被黑暗吞噬掉了。而如果我们把水立方放在画面的一边，将画面中心对在较暗的地方，拍摄的效果就会明亮很多。

如果我们一定要把水立方放在画面中间怎么办？这时相机的一个功能就变得尤为重要了。专业一点的相机都会有曝光锁定功能，我们可以在画面中选择一个亮度适中的物体，将画面中心对准它，然后按下曝光锁定按钮，那么相机就会保持比较适中的曝光，让画面整体曝光效果比较合适。

也许有的爱好者会问："我并没有在相机上发现这么一个按钮啊！是不是我的'小数码'相机不够专业？"其实，很多小数码相机也有曝光锁定功能，只要先对准亮度适中的物体半按下快门（注意，这个物体与你的距离最好和你要拍摄的物体与你的距离相同，否则会出现虚化的现象），然后再重新对准你要拍摄的主体，这时拍摄的效果就会更加理想，因为在半按快门时相机在锁定焦点的同时也已经把曝光锁定了。

问题又来了，画面中这么多亮亮暗暗的景物，哪些景物的亮度是适中的呢？一般来说，如果我们拍摄的是人物，基本上对准人物脸部的亮度锁定曝光就可以了；如果我们拍摄风光，则可以先对准草地测光。当然要注意如果风光在阳光下，人也要在阳光下，否则会影响曝光的效果。

当我们经验丰富以后，还可以选择其他相近的事物作为曝光参照，这些事物有着同样的亮度。还要注意的是，在相机不同的测光模式当中，画面中心明度所占的比重是不一样的，所以使用不同的测光模式时还需要进行细微的调整。关于这些问题的具体内容我们将在"第2章 测光"中介绍。

下对页图：明亮的沙滩，白色的浪花，深色的海面……像这样光线复杂的照片，就需要你在曝光的时候用上曝光锁定技术。此时我们可以用相机的测光点对准潮湿沙滩的部分测光，按下曝光锁定键，再重新构图进行拍摄。
光圈f/2.2，快门1/2000s，ISO100

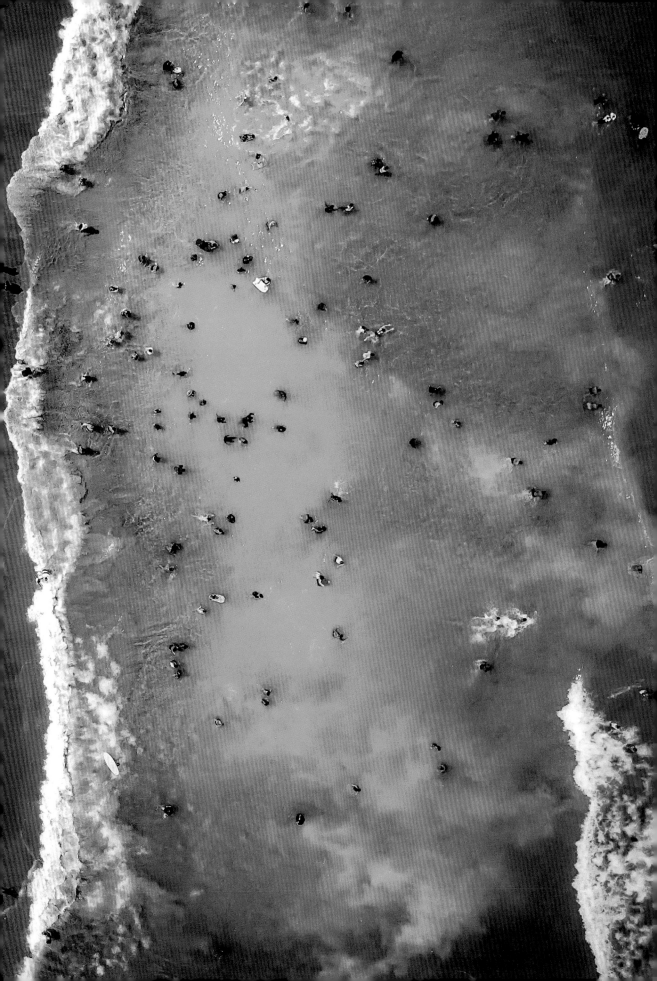

2.P 挡和曝光补偿：白加黑减

在没有非常丰富的拍摄经验，很难准确判断景物的亮度和曝光数值时，我们给大家的经验是：

（1）将测光方式放在区域测光模式上。

（2）将相机设置在自动模式上。相机的全自动模式（P挡）往往能够帮助我们完成决定曝光的相关工作，甚至还能自动测算出何时需要用闪光灯，何时不用。这对我们来说是非常方便的，但是这种全自动模式也有它的局限性。

例如当我们拍摄高调事物时，运用自动模式拍摄出来的效果往往是灰色的。比如我们拍摄白色桌布上的白色瓷器时，使用自动模式拍摄出来的效果会显得偏暗，很难表现出瓷器釉细明亮的外表。

当前景有巨大的黑色物体时，你需要遵循"白加黑减"的原则减少曝光，使前景变成"剪影"而突出其造型，背景也不至于曝光过度。
光圈f/4.5，快门1/2000s，ISO1250

将曝光补偿提高，才能把白色的场景正确还原，简单地说，这一原则就是"白加黑减"。
光圈f/4，快门1/50s，ISO100

　　这时我们可以使用刚才介绍的方法对准亮度适中的物体测光，再锁定曝光。如果要拍摄大量的照片，每一张都这样做一遍就太复杂了。于是，相机的"曝光补偿"功能就可以发挥作用了。

　　曝光补偿是指，在拍摄时对于相机所测定的曝光进行人为调整的方法。我们希望拍摄的瓷器变得"白一些"，也就需要更多的光线，要加大曝光。因此要将曝光补偿放在"正（＋）"上，而增加几挡，则需要我们自己估算。如果我们使用的是数码相机，可以多拍摄几张，试验一下不同的补偿量，选择其中视觉效果最好的一挡就可以了。一般来说，拍摄白色瓷器，要达到较好的效果，可以增加1级至1级半的曝光。

　　同样，如果我们要拍摄黑色背景下的黑色物体，则可以减少曝光，来记录下物体本身的影调。若要拍摄在黑色建筑前穿着黑色西装的人物，就要把曝光补偿设置为负（－）1挡到负2挡。

　　这就是"白加黑减"的原则。使用自动曝光的相机拍摄白色物体时，可以适当增加曝光；拍摄黑色物体时，可以适当减少曝光。

3. 逆光如何拍摄

雨后的傍晚，金色的阳光穿透残存的黑云洒在建筑与人们的身上时，若我们背向阳光，看见的会是披上赤金外衣的世界映衬在深蓝天空下的美妙景象，而当我们面向带来这美妙景象的夕阳时，面前的景物却在灿烂的霞光前化为一个个黑色的轮廓。此时，一个回眸看到的却是与之前完全不同的一番景象。

对于摄影者来说，将这番美景拍摄下来始终是个难题。夕阳的景象是比较亮的，然而霞光前的人物或景象却把不受光的一面对向了我们，因而会非常暗。因此，面对夕阳拍摄人像时，我们必须做出两难的选择。

一种选择是对明亮的晚霞测光，干脆让人物的相貌消失在黑暗中，只保留一个剪影般的轮廓，映衬在晚霞中。我们称为"剪影效果"。这样一来晚霞的色彩能够得到比较好的保留，人物的轮廓特点会异常突出，适合拍摄人物优雅的外形和面部轮廓，或者舒展的动作姿态。需要注意的是，运用这种拍摄方法时，不要将人物的剪影和其他事物的轮廓重叠，否则人头上长出"电线杆"的情况就会大大影响你的拍摄意图了。

当然，有时候，重要的人物（如太太或女朋友）的脸是不能被一片漆黑替代的。我们需要动脑筋调和这一矛盾。如果人不够亮，那我们来打亮他（她）。这是最容易想到，也是唯一的办法。也许有人会问："加大曝光不就行了？"给个很实用的建议：如果你不想让本来就很亮的晚霞在加大曝光后变成一片惨白，就不要考虑这种办法了，绝对不是好办法。

补光的方式有许多种，主要还是用其他光源照亮主体，比如打开闪光灯。我们可以使用外接闪光灯（注意：购买外接闪光灯时最好先确认相机是否有热靴接口，具体信息可查阅相机说明书），或者相机自带的闪光灯，在拍摄时闪亮被摄者。或者我们还可以在现场寻找其他光源：比如周围有没有比较亮的路灯，让人物站在路灯下比较好的角度上，再进行拍摄。还可以利用商店橱窗的灯光、篝火的温暖光线等。

花絮

闪光灯是非常有用的摄影附件，买个或者借一个不太贵、功能不用太复杂的外置闪光灯，尝试一直装在相机上，每天都拍，一周后你会发现闪光灯很好驾驭。

所谓"功能不用太复杂"，指的是，可以进行曝光量的调整，另外，灯头一定要可以向上下左右四个方向转动！

闪光灯的照明都有距离限制，超过一定距离以外的物体，就无法被有效地照亮。外接闪光灯有效照射距离要大一些，相机内置闪光灯有效照射距离往往小一些。闪光灯在型号中或说明书上一般都会标明它的"指数"——GN，它反映了闪光灯功率的大小。通过这个指数，我们可以计算出其闪光的有效距离。

当胶卷或数码相机的感光度为100时，GN = 光圈系数 × 拍摄距离（m），因为闪光灯的发光时间非常短（$1/300 \sim 1/20000s$），所以快门速度只要能达到闪光同步，对闪光曝光

下页图：在没有补光的情况下，绚烂的晚霞色彩和人物的面部细节往往不能同时保全，你必须做出"牺牲"，让人物曝光不足变成剪影。 光圈f/4，快门1/50s，ISO100

几乎没有影响，曝光量由光圈和闪光灯的输出量控制。例如，使用指数GN ＝24的闪光灯全光输出做主灯拍摄，感光度设定在ISO 100，拍摄距离为3m，则正确曝光的参考光圈系数为24/3，即F8。如果使用其他感光度的胶卷或调整数码相机的感光度，则可以使用下面的公式计算新指数：

新指数 ＝ 开平方（新ISO值／100 ） × 标称指数

用阳光当作轮廓光，用闪光灯作为主光，可以让你在海边拍出时尚感十足的人像。
光圈f/8，快门 1/125s，ISO100【R】

坦率地说，这个公式不是太好记。不过，庆幸的是，目前绝大多数闪光灯自身有自动闪光功能，可以根据被摄体的反光控制输出比例，如佳能的E-TTL自动闪光灯，在正式拍摄之前，先进行预闪，根据被摄体的反光，不但可以改变闪光的输出量，相机还可能改变曝光组合甚至白平衡（数码相机）。

说到闪光灯，大家可能都会想象到，2008年北京奥运会开幕式上，每当有精彩的场面出现，观众席上的闪光灯就会像夜空的群星一样频繁闪烁。但了解了我们刚才提到的闪光灯的指数公式之后，我们就知道即便使用指数为56的高强度闪光灯，在ISO100的条件下，将光圈开到f/2.8也只能确保拍到20米，在这样的距离下，即便是最前排的观众，也只能拍到演出场地的边缘，更不用说距离场地中心几百米的上层看台的观众了。所以，用闪光灯拍太远的东西是不现实的。这些闪光灯倒是给晚会提供了不错的背景效果。总之，如果你自己不够专业，那就只能去成就别人的创作了。

如果闪光灯的拍摄效果略显突兀，现场又找不到其他合适的光源的话，我们可以采取另一种方式——利用反射光。这时反光板会成为你的得力助手。在市场上能够买到的常见的布制反光板一般有两面，一面白色，一面金色，都具有较好的反光性能。让阳光照在反光板上，调整好角度，就可以把光线反射到人物身上，让人物"变亮"。白色的一面可以反射出均匀柔和的光线，金色的一面则在阳光角度较低、色彩比较偏暖的时候用来反射出同样的暖色光线。此外，也有一些"天然反光板"是可以借助的。比如水面、白色的墙面、建筑上的玻璃门窗等，让人物站在这些事物前，也能够得到一定程度上的补光。使用这种办法比较难控制，光线的强度、方向都要取决于反光物体的位置，很难随心所欲地控制，但是如果我们把反光的物体也纳入画面中，光线的效果就比较容易被观看者理解，效果比较真实。

花絮：反光板的使用

通常反光板是一个可以折叠的东西，可以套上不同的表面，表面的材质决定了反射光的能力，金色铝箔反射出的是暖调金色的光，银色铝箔反射出的是银色的强光，白色布面反射的光线则是很柔和的光。也有反光板其中一面是黑色的，可以用来遮挡不必要的光线。

反光板可以通过调整位置和反射角度为主体带来不同的补光效果，不同的角度会带来完全不同的光线效果。一般来说，我们要尽量保持反射光线不影响景物原来的受光关系，可以从正面"平铺"地补光。当然，其他角度的补光也能带来独特的艺术效果，使用时需要反复尝试才能熟练掌握（关于用光，请见"第10章 光的美学"部分内容）。

很多摄影师喜欢使用反光板甚至超过使用闪光灯，补光主要是一项动脑动眼的工作，只要你具备足够强的观察力，总能够找到有趣的补光方式，为你的照片增色。

下页图：反光板的补光会令被沙漠干燥的风沙摧残半生的主人公的皮肤也带上一点"柔美"感。
光圈f/5.6，快门 1/500s，ISO100【R】

4. 夜景（慢门同步）

若要在一天当中选择一个最具有美感的时刻进行拍摄，很多人的第一意识可能就是在日落时分，拍摄红色的夕阳、湛蓝的天空、街上金色的阳光和艳丽的晚霞。拍到了美丽的晚霞可以让我们兴奋一下，但是半个小时以后，我们又要面对另一个问题。

当晚霞渐渐转为灰色，阳光不再是这个世界光明的主宰，人类自己创造的灯火将这个周围的世界色彩斑斓地装饰起来的时候，摄影师们又要忙起来了。

夜景的拍摄同样是讲究技巧的。我们之前提到过使用曝光锁定功能拍摄夜晚的水立方的方法。但是仅仅能把夜景建筑拍好并不算是技术过硬。夜景作为摄影师们最头疼的对手之一，带给我们的挑战不止这些。

首先，暗下来的环境对于感光胶片或元件的记录光线能力来说是一个考验。如果使用与白天拍摄同样的设置，可能在晚上会拍出"模糊"的画面，这是因为快门速度变慢了，我们手的抖动很容易影响相机的拍摄。要解决这一问题，我们有两个选择：

（1）在我们的随身物品中多加入一个网球拍般长短、笔记本般轻重的三脚架，以便拍摄夜景时用来稳稳地支撑住相机。当然，如果你对自己的体魄不自信，请参照第二点。

（2）选用高感光度的胶片，或将数码相机的感光度调高，这样一来，快门速度能够有所提高，手抖动的问题自然也容易得到解决。很多数码相机厂商提出的所谓"多重防抖"功能，其中一种指的就是可以调高感光度来防止手抖对画面的影响。也就是说，一般数码相机都具备这样的"防抖"功能。

当然，也许你还记得另一个装备——闪光灯。我们前面介绍过，一般来说，闪光灯对于远处的建筑是无能为力的。所以如果你想拍摄建筑夜景，最好还是选用前两种方式。当然先不要把你的闪光灯从"夜景拍摄设备单"中划掉，它还有着重要的作用。记得都市夜晚红地毯上的明星们在照片中光彩照人的形象吗？在拍摄夜景时，如果你希望你的作品中不仅有被灯光粉饰的建筑，还有艳丽夺目的人像为之添彩，那么就需要使用闪光灯来将人物打亮了。注意，这与前面提到的傍晚时分的拍摄不太一样，还需要调整一项设置——将相机里面的"闪光模式"调整到"慢门同步"挡（一般是一个"S"加一个闪光符号）。这是因为此时的背景亮度比较低，对于相机来说要捕捉下它的影像需要较长的快门时间。使用"慢门同步"，就是要让背景通过长时间的曝光具有和闪光灯照亮的人物在照片上看起来一样的亮度。这一招还是很有用的，当朋友们还在研究照片背景上漆黑一片的建筑是什么的时候，你却可以拿出灯火辉煌的夜景人像，这么大的差别，其实只来自一个这么小的设置调整。闪光灯补光还有一些详细技巧，可以让你拍出效果更好的照片，请见本书"光的美学"一章中的内容。

下对页图：为了保证质量，光圈和感光度度不能太大，放慢快门速度，夜景建筑上的照明才能得到合适的曝光。
光圈f/11，快门30s，ISO100【R】

摄影用光书 15

想要背景虚化的"浅景深效果"，就需要使用大光圈、长焦距的镜头。
另外，使用感光元件面积较大的单反相机也比使用小DC更容易获得这样的效果。
光圈f/2.8，快门1/125s，ISO1600

5. 背景虚化的人像

我们发现，身边各行各业的朋友渐渐都拥有了自己的数码相机，与此同时，我们作为早期投身者，"社会地位"在逐渐提高。很多朋友买相机时和之后经常来找我探讨。他们会提出很多问题，其中一个问题有着极高的重复率，几乎每个人都问过，那就是，怎样能拍出"人是清楚的、背景是模糊的"效果。

拍摄人像时，大家都钟爱这种唯美的画面。要拍出来其实并不难，你只需把三项数据调到位。首先，将镜头的焦距调至最长。很多朋友会问：人变大了怎么办？答案只有一个，如果想要画面好看，只能你向后退了。第二，把光圈调整到最小的数值（以后你会知道这个叫作"大光圈"），5.6、4、2.8或者更小的数值（详情参考第3章 光圈部分内容）。第三，只要拍摄条件能够接受，距离你的被摄体或被摄者越近越好。当你把这几样数值调到位，再看你的画面，这就是你的相机和你现有的镜头能够达到的最接近"背景虚化"要求的效果，这种效果我们叫作"浅景深效果"。

实事求是地讲，试图用小DC拍出虚化的人像效果不是很现实，一般来说小数码（DC）相机的CCD/CMOS面积比较小，光圈也相对小一些，所以不太容易实现足够小的景深，要拍出理想的模糊背景，建议你还是尽量使用单反相机，配上中长焦距的大光圈"人像镜头"比较好。当然，最理想而且成本不高的方式就是使用单反相机和大口径的标准镜头，尼康、佳能都有不足千元的标准镜头，如果你特别喜欢浅景深效果，尝试一下（从网上买个二手的更便宜！），花钱不多，乐趣不少。

6. 拍一张清晰的风景照

圆边遮阳帽、钓鱼背心、大背包、相机已经成了旅行者的标准形象。旅行过程中沿途的风景是很多旅行爱好者最大的兴趣所在，甚至目的地已经不再重要，这就是为什么很多人喜欢把人生比喻为旅行。而能把旅行过程中的这些美好回忆记录下来的，除了你的大脑，便只有相机了。

旅行者对于风景的挑剔眼光让他们同样严格地对待摄影作品。风光摄影基本需要的是大气的风景，一切均清晰可辨，如真实的景物一样。

要拍摄出这样的作品，你需要这样的配置：

首先，一支视角比较广的镜头，也就是我们通常所说的"广角镜头"（一般来说焦距在35mm以下的镜头，都属于这一类别）。如果你使用的是变焦镜头，那么在拍摄风景时可能会用到焦距最短的那一端。

之所以使用广角镜头，主要基于三个原因：第一，自然景象贵在雄伟壮丽，它可以让你拍摄下更广阔的景物，如高耸的山巅、蜿蜒的河流等；第二，使用广角镜头拍摄的景物透视效果比较明显，也就是物体"近大远小"的视觉差别比较突出，让画面看起来更具有真实感，更容易产生身临其境的感受；第三，广角镜头与拍摄人像时使用的长焦距镜头相反，景深相对较大（关于景深请详见光圈部分），能够让画面中前后景物都比较清晰，清晰、准确地记录下壮阔风景中的每一个细节。通常情况下大家还是希望照片中的景象都是清晰可辨的，除非你是"印象派"（"印象派"是20世纪初在法国盛行的绘画流派，主张不把画面画得过于详尽，而追求"气韵流动"的真实感，后影响到摄影）的追随者。

第二点需要调节的配置是，将你的光圈调节至比较大的数字。大数字表示的是比较小的光圈孔径，收小光圈的结果是，画面中清晰的景物范围较大，强化了广角镜头大景深的特点，让画面上尽量多地呈现锐利的景象。需要注意的是，缩小光圈带来的是放慢的快门速度，要想不让手的抖动影响照片的清晰度，建议使用三脚架、快门线和反光板预升技术（别着急，后面你会明白这些都是什么东西，关于风光摄影的详细讲解，请参见《一本摄影书》中的"风光摄影"一章）。

下对页图：想要拍摄这样清晰、漂亮的风景照片，你需要广角镜头和较小的光圈，以获得更大的景深范围，让画面中的景物都保证足够清晰。　　光圈f/4，快门1/60s，ISO100

7. 多尝试几种不同的曝光

接下来的一个技巧并不能直接引领我们拍摄出好的照片，但却能够指引我们成为一名优秀的摄影师。在进一步了解曝光技术之前，我们需要首先知道怎样才能快速有效地锻炼自己的曝光技术。

掌握曝光需要我们不仅多看、多学，也需要我们"多拍"。这看似"老生常谈"了，没错，练习任何技术都需要反复地练习积累经验。但我所说的"多拍"，不是像狗熊一样反复实践"掰玉米"技巧，而是尽可能让自己用最短的时间收获最多的"玉米"。

所以练习不仅要动手，还要"动脑"。我们在拍摄时，同样的一个景物，可以用不同的曝光组合多拍摄几张照片，认真地记录下相关的资料数据。回到家分析照片时，我们可以参照记录的数据来分析：哪一张照片效果最理想？为什么这样拍会好？是因为适当的光圈带来了理想的景深效果，还是快门速度的调整有效地避免了抖动的影响？

很多爱好者总是习惯把"拍坏"的照片直接删掉，然后津津有味地欣赏成功的作品。但有时其实失误的照片具有更高的价值。通过认真分析失误的原因，我们可以对于曝光技术有更全面的了解。比如，为什么相机自动测光拍摄的照片效果不理想，而我们手动设置得略低一些的曝光效果更好？很可能是画面中大面积的黑暗部分让相机自动提高了曝光。而我们在今后的拍摄中就会明白，在拍摄暗部较多的画面时，需要怎样设置曝光补偿了。

要进行这种尝试，我们可以使用相机的"包围曝光"功能。这个功能是指在拍摄时不仅按相机通过自动测光得到的读数拍摄，还要继续加大曝光量拍几张，然后减少曝光量拍几张，最后得到从暗到亮的若干张不同效果的图片。这种功能不仅能让我们确保得到曝光适当的作品，同时也特别适合我们用来通过分析、总结掌握曝光技术。

大面积的白墙、多扇窗户、鲜艳的训练服，想在这样复杂的条件下得到完美的照片并不容易，建议你使用"包围曝光"功能来保证获得最精确的曝光，当然，这在拍摄运动题材时并不容易。光圈f/4，快门1/250s，ISO400【R】

下页图：清晨、黄昏和夜景曝光相当考验曝光的精确性，同时要求天空有层次，远景的山峦不过曝，近景的帆船色彩和细节丰富，可以试试小范围的包围曝光。 光圈f/8，快门1/125，ISO200【R】

第2章 测光

"景到，在午有端，与景长。说在端。""景。光之人，煦若射，下者之人也高；高者之人也下。足蔽下光，故成景于上；首蔽上光，故成景于下。在远近有端，与于光，故景库内也。"

——《墨经》，公元前 388 年（约）

[译文]

"不同方向照射过来的光线相互交叉，从而形成了倒置的影像，决定影像长度的，是交叉点的位置。人身上发出的光线，像射箭一样一直向前。上面的光线成像在下面，脚下的光线成像在上面，形成人的影像。挡住下面的光线，影像就会成像在上部。而如果遮挡住景物上部的光线，影像就会呈现在下边。在成像的暗室内，小孔的距离，决定着像的大小。"

在这种光线复杂、景物亮度又不是18%灰的情况下，通过入射式测光表测量光线本身的强度来确定曝光，就是比较好的选择了。 光圈f/8，快门1/40s，ISO50

你面前的"四扇门"

在上一章中，我们已经谈到了几个概念——测光、光圈、快门、感光度。有可能你还不知道它们是什么，但已经在开始运用它们了。它们就像四扇门，每一扇门后面都藏着一个庞大的世界。现在你已经站在它们面前，如果打算停下来庆祝，那就错了。我们下一步该怎么做？当然是打开一扇，迈进去。

对于初学者来说，"光圈""快门""感光度"是最先面对的，它们往往充当的都是"拦路虎"的角色，掌握它们并非易事，然而一旦将其掌握在手中，它们便会成为你创造完美影像的得力助手。

上一章介绍的只是一些应急的技巧，优秀的摄影师并不能靠一两下的"花拳绣腿"打天下，而是要掌握精确控制曝光和用光的能力。有一个你必须要遵守的前提是，要尽量使用"手动曝光"，也就是要自己设定光圈值、快门速度和感光度。

手动曝光！手动曝光！！

手动曝光是学习曝光知识最最重要的手段。如果你想彻底掌握曝光，一定要用一段时间来彻底掌握手动曝光。

今天，很多相机，无论是胶片的还是数码的都有足够多的自动化功能，使得摄影师能够把他们的注意力集中到希望拍摄的对象上。

当年柯达·伊斯曼就曾经放出豪言壮语："你只用按下快门，其他的事情由我来做。"于是有了柯达公司在20世纪上半叶的辉煌。当然，由于近年来传统影像行业遭受数码技术的巨大冲击，柯达也已经宣布于2013年完成破产重组。在那之后，所有的厂家都在积极践行这样的努力，他们都希望使用者能够用最简单的方式去拍照。

当然，最简单的拍摄方式就是把相机的拨盘设置保持在P挡，然后进行拍摄。如果相机真的会替你做剩下的所有事情，那当然是再好不过的事情，不过，实际情况距此甚远。相机通常不能完全兑现厂家许下的诺言，反而经常得到令人失望的结果。

根本原因是，摄影并不是一个技术工作，而是一个艺术工作。曝光也是这艺术链条中重要的一环。没有任何一台相机可以保证你能拍摄到有创意的图片，所以，你要尝试在相当长的一段时间里，把你的相机调整到手动曝光挡，依靠控制光圈得到你想要的景深效果，依靠快门精确控制图片的整体气氛。这样，你才能真正了解光线明暗怎么和胶片或者电子元件相互作用。

坦率地讲，除了手动曝光，其实并没有其他的办法能保证做出具有连贯性的、精准的曝光。一旦你学会了在手动模式下如何进行曝光，就会懂得在光圈优先、快门优先或者其他自动曝光模式下如何拍出优秀的照片。因此，我们要强调，即便是在数码技术飞速发展的今天，学习手动曝光依然是高级摄影者的必经之路。

手动曝光的唯一缺点是在有些情况下会影响拍摄速度。不过，我还是要强调，在你还不充分了解曝光技术之前，使用自动曝光方式的照片可以拿到一堆六七十分的片子，而用手动曝光，有些照片可能不及格，但是有些照片可以达到八九十分，甚至满分。而且随着你拍摄水平的提高，高分的片子会越来越多。所以，如果你真的想在曝光上有提高，还是要在平时坚持使用手动曝光，而在拍摄重要的题材时，有选择地使用其他曝光方式。

好了，我们要更好地了解关于曝光的四个元素，我们必须先学会测光。

18%灰

所有测光表的原理都基于一个基础就是"18%灰"。我们不是在说测光的问题吗？怎么一下跳到这么一个"不着边"的百分比问题上来了？18%灰看似是一个物理学概念，但却是了解测光技术的关键点。

1. 什么是反射

我们的生活中，几乎任何事物都是会反射光线的。一束光线照射在物体上，它反射出的光线越多，看起来就越亮。相反，反射出光线相对较少的物体看起来就会暗一些。同样，物体反射出的红色光线越多，看起来就越红，反射出的蓝色光越多，看起来则越蓝。因此我们肉眼所真真切切看到的"物体"，实际上只是物体反射出的光而已。

手动曝光首先要完成准确的测光，测光时应选择18%灰的区域进行测光。
这张照片中近景反射天空蓝光的水面可以近似看作18%灰的区域。
光圈f/11，快门 8s，ISO100【R】

2."亮度"不是"亮度"

生活当中我们经常会使用一些错误的概念。我们在生活中经常用"亮度"来形容光源的明亮程度。比如很多人会说"这个灯的亮度真高！"然而在摄影或者光学领域，这完全是一个错误的表述。

实际上"亮度"是跟光源无关的，它是关于物体的。它是指一个物体反射出光线的比例。因为不同物体对于光线的反射能力是不同的。例如，一个物体如果能将照射在它表面上的60％的光线反射出来，那么我们就认为它的亮度是60％。因此我们可以根据物体的亮度大致判断它是黑是白。因此光学中的"亮度"实际上不是指物体发光的强度，而是物体反射出光线的比例。

3. 从 3% 到 96%

小时候我们都追问过这样一个问题："世界上到底什么东西最黑，什么东西最白？"最终往往不了了之。而这个问题实际上就是问："生活中到底什么东西亮度最低，什么东西亮度最高？"从科学的角度来说，我们的生活中反射光线最少的是"锅底灰"，只能反射出照射其上的光线的3%，其余均被其吸收掉。生活中能够找到的反射光线最多的物质是纯净的雪，反射出的光线可达96%，因此看起来晶莹剔透，当然我们此时已经把镜子之类的特殊物品排除在外。

4.18%的灰有多亮

在3％与96％之间，18的灰看起来似乎是蛮亮的一个灰调，但实际上完全不是这样的。如果将这一范围分为若干等级，以亮度为二倍关系递增的话，我们会发现共可分为3%、6%、12%、24%、48%、96%六个级别，而18%的反光率正好处于12%和24%中间，处在锅底灰与白雪反光率这一"从黑到白"的总亮度范围中正中间的位置。因此反光率为18%的灰色，实际上是生活中亮度处于正中间的灰色。如果别人说你的肤色非常接近18％灰的时候，可不是在赞美你。

5.18%的灰有哪些事物

那么生活中，有哪些物体的亮度是18%呢？首先是人的皮肤，一般来说亚洲人的皮肤的反光率就接近18%的灰，同时，草地的亮度也基本接近18%。除此之外，如果加入一些不属于"反光"的光线的话，在天气晴好的时候，天空中最蓝的部分的亮度也相当于同样光线条件下18%灰的物体的亮度。

为什么要介绍这么多亮度是18%灰的事物？是因为它们是你在专业摄影操作中不可回避的事物。请先记住这些，我们接下来谈论的问题就要用到它们了。

下页图：人物的脸部，尤其是亚洲人的面部，是最佳的18%灰的灰板。
光圈f/13，快门1/200s，ISO100

花絮：灰板

当然，如果你想要看看到底什么才是精准的18％灰，可以到摄影用品店里买一块标准灰板。标准灰板有单18％灰与灰阶式灰板，还有带18％灰、灰阶和各种原色的色板。根据内容和功能的不同，色板的价格也不同。

灰板的作用是，可以让我们在杂乱的静物中获得标准的18％灰，如果你将相机对准同样光源照射下的灰板进行测光，就可以获得理论上最准确的曝光。

一般来说，灰板的使用方法是：将灰板放在静物光源下，向镜头倾斜45°，这样能够测出在这个光源下最准确的曝光（因为相机的测光系统就是按照测量18％的灰进行预置设定的）。如果现场光源比较混杂，则一定要将灰板置于拍摄主体所处的位置，并朝向光源倾斜45°，这样才能获得最准确的曝光。

左：柯达灰板　右：Spyder CUBE

关于测光

我们终于回到本部分的主题，开始介绍"四扇门"中的第一扇门："测光"。在整个曝光工作中，它是要最先完成的一项任务。没有它便无从谈起其他三者，因此我们先来对其进行介绍。

1. 什么是测光

测光，顾名思义，就是测量光线强弱。无论是发光体释放出来的光线，还是物体反射出来的光线，我们都可以测量，而测量的结果决定着我们用什么样的光圈、快门进行曝光。

下页图：当人物出现在很暗的背景下的时候，尽量用点测光模式测量人物面部，不要使用平均测光模式。
光圈f/4，快门1/125s，ISO400【R】

所有测光设备测量光线时的默认目标设置，都是18%的反光率。也就是说，测光表会评估被摄体的明亮程度，然后给出一个拍摄所需的数据，如果你按照这个数据进行拍摄，便可以将被摄体拍摄成反光率是18%灰下的效果。因此我们如果对一块18%的灰板测光，按照测光表的读数拍摄，那么在照片中还会得到一块18%的灰板。前面说过，一般来说亚洲人的皮肤的反光率就接近18%灰，如果按照我们的面部皮肤测光，测光表的参考数据就可以使人的皮肤还原成正常效果。根据这个测光结果拍摄，那么会得到看起来相同的拍摄效果。

因此，我们拍摄人像时，不妨先对自己的手掌测一下光，或者对反光率同样是18%的附近的草坪测一下光，按照这个读数拍摄，就能够得到效果相对比较正常的照片。

当然，重要的是，你要保证将手掌放在和被摄物体同样的光线下，另外，不要让自己的影子落在手掌上，不然结果就不对啦。

伸出手掌测光，是让你在背景照明条件不同时得到正确曝光最方便的手段。

2. 测光表并不是永远正确的

这一点是很明显的。因为既然测光表的默认目标是18%的灰，那么我们要拍其他反光率的物体时就不能简单信任它了。比如，如果我们对着一块白色的墙面测光，那么测光设备仍然会把它当作一块18%灰的灰板，并给出推荐的曝光参数。

如果你使用测光表给出的读数进行拍摄，就会把这个白色的墙面表现成18%灰效果的，也就是说，会得到比实际效果暗很多的照片。这就是我们使用相机的自动模式拍摄雪景时，得到的照片看起来会比较暗，画面中的雪都是"灰突突"的原因（解决办法是使用曝光补偿，白加黑减，我们在第1章中提到过，还记得吗？）。

3. 相机内置测光表与反射式测光法

测光设备具体有哪些呢？最常见的就是相机的内置测光表，大多数自动相机都有测光功能，我们的小DC也不例外，测光装置往往位于机身内部，能够测量照进镜头光线的强度。

一般来说，测量照进镜头的光线的强度，就是测量我们对准的物体所反射的光线的明亮程度，因此被称为反射式测光法。另外，与反射式测光法相对应的，还有入射式测光法，我们会在后面详细介绍。

相机的测光系统不仅是测量光线强度这么简单，它还可以进行分析。不同品牌、型号的相机有着不同的分析方式。我们拍摄的景物不可能都是一块均匀的灰板，画面中必然有明有暗，因此，如何分析不同部分画面的亮度，并决定最后的曝光，以求得到最合适的曝光值，厂商们就要"八仙过海，各显神通"了。

像这样的场景，用平均测光模式简直就是碰运气的事。在光线如此复杂的场景下一定要使用点测光，选择18%灰的部分进行测光。　光圈f/16，快门1/50s，ISO100

相机测光模式详解

关于测光模式的问题，我们要向前追溯一段时间。数码相机的到来，让摄影变得异常简单、廉价，因此相机也成了"家庭必备物品"。而此前，在十几年前的中国，相机对于很多家庭来说还是排在"四大件"之后的一件奢侈品。专业的"海鸥""凤凰"相机还是实验室的"贵重设备"，或是一些家庭炫耀财富的资本。不菲的胶卷与冲印价格，更是让广大"劳动人民"望而却步。更不必说复杂的操作和操作失误可能导致胶卷浪费的巨大代价。

随后出现的"傻瓜"相机，依靠低廉的价格和自动的功能，解决了这一系列问题，随着它的出现，家家户户逐渐都开始拥有自己的影集了。然而翻翻你家比较老的影集，你会发现在这些照片中，曝光都会有明显不准确的现象，"人比较暗""夜景人物闪光过亮"等问题不一而足。

现在绝大多数的相机都采用TTL (Through The Lens)式测光，也就是透过镜头测光。

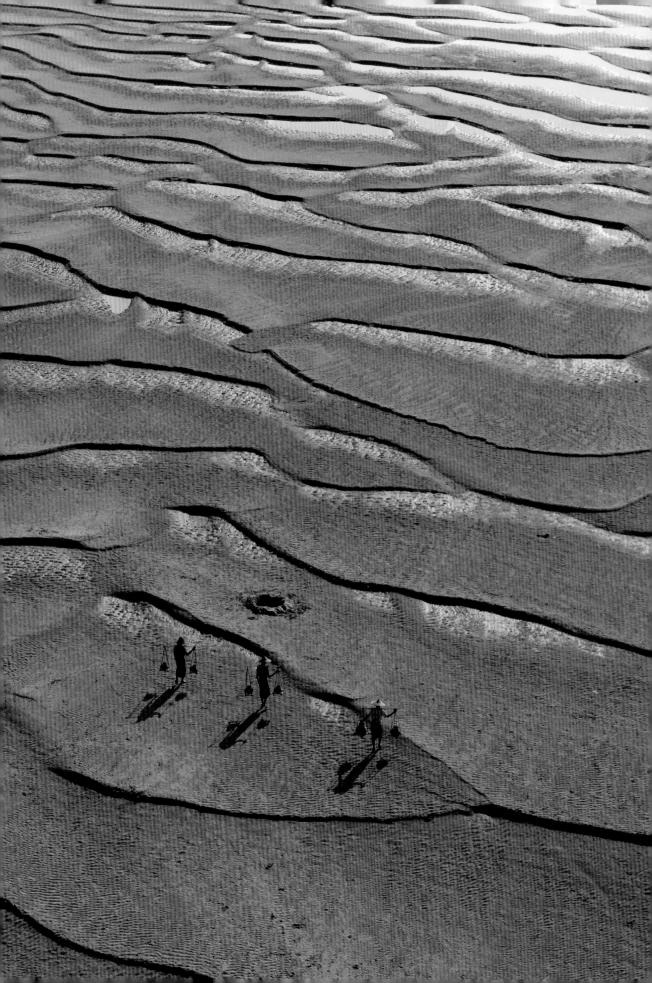

1. "大锅饭"式的"平均测光"

老式的傻瓜相机是使用"平均测光"方式测光的。平均测光是"兼顾一切"的，在整个画面中的实现绝对平均，无论是中心还是边角部位，都有同样重要的地位，纳入整体平均范围。在"平均测光"模式下，相机会将画框以内的所有景物明亮程度取得中间值，计算得出曝光结果。这种测光方式用在拍摄阳光明媚的风光照中比较合适，但是当遇到背景与主体亮度差别比较大的时候，就难以处理了，往往不是人物曝光不合适就是背景曝光不合适。

2. 中央重点平均测光

最早的TTL方式是平均测光，后来大家发现平均测光误差比较大，对画面中各个部分关注的程度不可能是一样的，那该怎么办？

因此，厂家想到了"摄影主体"这个观点，又开发出了中央重点平均测光模式。这可以说是在平均测光的基础上比较考虑中心部分的模式。也就是说，在最后的曝光数值的决定中，画面中央部位的比重会大一些，即对于中心测光区域所测得的光线给予比较重的加权。而周围的画面明度也会被相机参考，只是比重会低一些。比如40%面积的中央区测到的光占测光值比重的65%，而60%面积的外围区测光值仅占35%的比重，这样就能够满足大多数影友"既要人物，也要背景"的要求。

3. 点测光

不过，中央重点平均测光在很复杂的光线条件下还是不能给摄影师足够可靠的信心。于是，在专业一些的单反相机上开始出现"点测光"的模式。你可以在拍摄中选择画面中的某一个点的亮度来进行测光，然后按照把这个点表现为18%灰的数据进行曝光。这种模式对于景物亮度反差很大的时候正常还原主体细节的拍摄要求非常适用。比如在拍摄人像时，你可以让相机的测光点对准人物面部进行测光，将曝光锁定，然后再进行拍摄，这样就能保证画面中的人物一定能够得到正常还原。点测光是能够完成精确曝光的重要测光模式，尤其当我们后面学到"分区曝光法"的时候，点测光是无比有用的利器。

花絮：测光点的选择

这种测光模式对于使用"分区曝光法"的摄影师来说，是非常方便的。例如，我们要拍摄窗前的人物工作的画面，只要调整到点测光模式，将取景器的中心点对准画面中的某一个位置，按下选择键，这个点就被记录下来了。你可以选择天空、建筑、窗台、桌面、窗帘、人物的面部、人物手中的书本或针线、墙面等作为测光点，这一系列包含了最亮景物到最暗景物的点会被相机统计起来，按照平均亮度值进行曝光。多点测光模式可以最多综合衡量18个点的数据来确定曝光。当然如果你想强调画面中某一点的重要性，比如人物面部，可以在这一点上反复选择几次。

上页图：像这样的场景，无论是用平均测光或者多区测光模式基本都是碰运气的事。在光线如此复杂的场景下最好使用点测光，选择18%灰的部分（被光照亮的草地）进行测光。 光圈f/5.6，快门1/60，ISO200【R】

4. 多区测光

不过，点测光并不容易掌握，厂家又在中央重点平均测光的基础上研究，他们发现很多时候背景的影调同样重要。于是他们开始对拍摄画面做分区，并且对不同的区域给予加权。再后来，为了达到更精确的曝光，分区越来越多，结果就分割成了多个区。对于多区测光，不同的厂家又研发出各自的核心技术。评价测光、矩阵测光都属于这个范畴。

尼康公司研发的多区测光后来演变为独特的"矩阵测光"技术。

矩阵测光大概的意思就是：将整个画面分割成矩阵式的小块，然后按照每块的位置套用相机测光的程序计算，得到一个最合适的曝光值。

3D矩阵测光可谓体贴入微，在测光过程中，将大量有用、没用的信息都纳入参考体系当中，大有"只有你想不到的，没有我做不到的"之势。

在相机上搭载了可以进行大量复杂运算的CPU之后，相机替人脑分担了很多运算工作。这个功能强大的测光模式非常复杂。相机在测光时，会收集光线强度、对焦点、距离、色彩等数据，然后把这些数据综合起来，在一个庞大的信息库中进行搜索，这个信息库中有大量摄影作品的拍摄信息，其中包含了多种拍摄情况：风景、人像、建筑、夜景、晨景、高调、低调等。相机通过分析当前拍摄信息与数据库中哪类作品最为接近，然后就参考这些作品的数据对现在的拍摄数据进行调整。

通常我们认为最先进的矩阵测光方式来自尼康公司的专业产品，比如F5的测光系统据说是分析计算过超过三万张照片后，得出一个加权方式，来配比你拍摄的画面的主体，看看用哪个公式更合适，再加以修正，然后得到"恰当的"测光值。

不过，厂家并没有公布如何用矩阵计算这些信息的演算法，所以有时候也无法太苛求明白。但实际上不可能每一张照片都能匹配完美，肯定有时候相机选择的主角是你认为的配角，不过实事求是地讲，多数时候它还是比初学者大汗淋漓地倒腾快门、光圈、计算闪光灯指数之类的要可靠一些。

尤其要提到的是，尼康的矩阵测光技术一直在进化，3D测光——已经可以考虑到主体和相机之间的距离，这在拍摄逆光和使用闪光灯摄影的时候的确非常有效。再后来，又进化到了"3D彩色矩阵测光"系统，可以考虑到色彩对于测光的细微影响。

尼康公司对于自己的测光系统是非常得意的，认为这是当今各种自动测光中最全面的一种，认为它可以给你带来最符合你要求的自动曝光，是最值得信赖的。

花絮：佳能的多点平均测光模式

另外要提到，某些佳能相机有一项独特的测光计算技术，可以辅助进行手动曝光的模式——多点平均测光模式。拍摄者可以在画面中选出一系列从亮到暗不同的点，这些点都是需要被准确记录下来并还原出层次的，然后将这些点依次用相机的点测光系统来测量，最后，相机会综合衡量每一个点的光线强度，加以平均，得出所需要的曝光，以保证每个点都能被容纳在照片的表现范围内。

下页图：不同的色彩最饱和时的明度都是不一样的，因此针对不同色彩的测光，是突破性的。
光圈f/4，快门2s，ISO100【R】

我们应该相信谁——测光模式的选择

目前，中央重点平均测光、点测光和多区测光三种测光模式都有各自适用的情况，因此很多相机都同时保留了这三种测光模式以备选择。现在，即便是一些"小DC"也已经具备这三种测光模式了。

我们到底应该使用哪一个？或者说应该什么时候用什么测光模式呢？

我们给大家的建议是：绝大多数情况下可以信赖相机里的多区/矩阵测光模式。如果主体处于漆黑或高亮度的背景前（如黑板和窗户），主体与背景亮度差别过大，用点测光来精确测量主体所需的曝光量会更可靠。

如果光线条件过于复杂，例如光线强度差别极大的落日景象，太阳非常明亮，而远处的山或楼房可能连轮廓都要被淹没在黑暗中，这时我们就需要准确的测量方法。如果有条件的话，可以尝试使用多点平均式测光，来平均各个点的亮度，给相机规定出要表现的景物亮度范围。即便没有这种测光功能，我们也可以通过点测光模式，读取几个值，自己通过运算取平均值。

当然也可以通过自己的观察，使用点测光直接测量画面中相当于18%灰的光线强度的部位进行测光，得出合适的曝光值。那么，当光线条件非常复杂的时候，如何判断哪里是18%灰呢？这需要我们通过经验进行总结。

可以给大家提供几个参照：

（1）在拍摄落日时，一般可以选择太阳周边五六倍直径长处、比较亮的云来进行点测光，拍摄出的整体画面效果会比较合适。

（2）如果拍摄晶莹剔透的树叶、琉璃等半透明物体的层次和色彩，可以直接对着这些物体本身测光，就能够拍到比较合适的照片。

（3）如果在像西藏这样的阳光阴影反差极大的地方进行拍摄，我们可以选择之前提过的"手、草地、深蓝的天空"作为测光点。注意手或草地要处于与被摄主体同样的光线条件下，如果按照阴影中的手进行测光，却拍摄阳光下的人物，则一定是不准确的。

独立式测光表与入射式测光

在外出拍片的时候，有时会看到一些看起来很"专业"的人背着相机不拍照片，却拿着一个带白球的东西东瞄瞄西看看，你可以初步断定这是一个比较"专业"的摄影师。

他们手里拿的就是独立式测光表。这种测光表与相机内置的测光表原理基本一样，同样是依靠光敏器件来测量光线强度的工具。这些测光表功能更加强大，也更精确。而且，它脱离了相机，就可以有更多的使用方式，带来更加方便或者更加准确的测光方法。对于要求比较高的专业拍摄来说，独立式测光表往往是必不可少的。

那么，什么时候需要用到这种测光表呢？

上页图：空间内部的场景其实最难测光，尤其有"透天"的时候，这时候多区测光可以给你一个基础的参考，先拍一张，看看直方图，再调整曝光。　光圈f/2.8，快门1/100s，ISO800

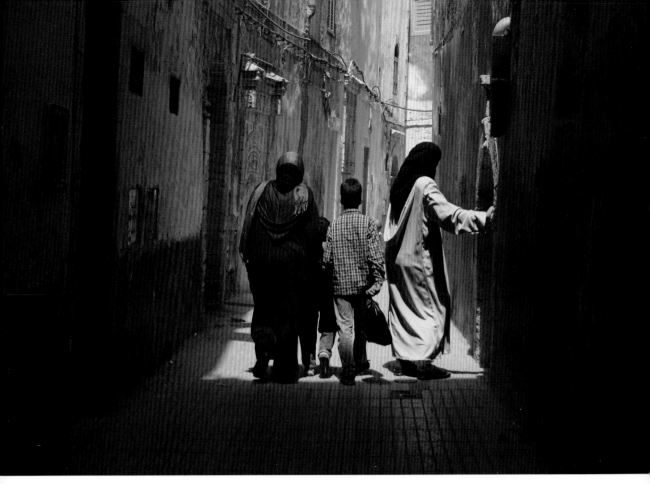

在这样狭窄的小巷里，光线反差比较大，阳光照射下的景物会远比阴影下的亮，两边的墙面也会形成杂乱的反射。这时运用入射式测光表，分别测量阳光下和阴影下的曝光，记下两个读数，根据人物的位置判断使用哪个曝光读数，就很方便了。　光圈f/8，快门1/125s，ISO100【R】

　　入射式测光是这种测光表的独特使用方式。我们已经谈过，相机的测光表通过测量照射进镜头的反射光的强度，直接得出曝光参数。在白天，由于物体反射的光线几乎都来自阳光，所以我们可以直接使用独立式测光表测量阳光的强度，然后乘以18%的人脸反光率，得到反射的光线的强度，以此得出曝光结果（当然，这些运算也是可以由测光表完成的）。这就是测量太阳照射过来的入射光线强度的"入射测光法"。

　　这种测光方法非常简单，不管在什么环境下，只要拿出测光表放在太阳下，测量一下即可。这样就可以保证在同样的阳光条件下，我们都可以基本按照这个数值进行拍摄。很多早期使用手动相机的新闻摄影师会使用这种测光方法，只要将相机的光圈快门基本设置在这个数值上就不会有太大的失误，抓拍起来比较方便。即便现在大家基本都使用自动相机，仍有很多摄影师到了一个地方也习惯于先测量一下阳光的强度，得到一个基本的读数，让自己对光线条件有一个初步的了解，在拍摄时能够更全面地分析相机的测光结果。

　　入射式测光方式让独立式测光表的灵活性得到充分利用，当光线比较复杂时，我们可以使用它测量来自不同地方的光线。例如拍摄人像时，常常会利用比较强的阳光从背后照射下来在人物身上形成一圈明亮的轮廓的效果进行拍摄，这种光线效果通常被称为"轮廓光"。如果我们要拍摄出理想的效果，就必须控制好"轮廓光"与人物面部光线的比例，而细小的轮廓线条很难用相机的点测光完成准确测量。这时我们可以把测光表放在人物的位置，先朝向阳光的方向测量"轮廓光"的强度，再朝向人物的正前方测量照射在人物面部的光线强度，这样就可以根据所得数据进行调整；一般来说轮廓光要控制在面部光线的四倍以内，也就是相差两级光圈（或快门）以内，如果超过了这个差距，我们就要考虑使用反光板或者闪光灯给人物的面部"补光"了。

　　这是一个比较简单的例子，要想对画面中的光线情况进行全面的分析，就需要使用独立式测光表来完成。因此专业摄影中，测光表是很重要的工具。如果有朋友就此对测光表产生了兴趣，或立志于更加专业的摄影领域，我们可以推荐几个品牌的测光表。

GOSSEN Starlite II 手持全功能测光表　　　　SEKONIC L-758DR 手持全功能测光表

　　世光和美能达是过去市场上比较常见的测光表的品牌，它们生产的测光表一般功能比较全也比较实用，价格也还算合理。三千元左右可以买到入射、反射、点测光功能都具备的测光表。这两家厂商在测光的精确性上也比较接近，都能够达到比较高的精度。

　　最近十年，日本品牌世光以生产"万用表"式的测光表而享誉摄影界。它有几乎你能想到的所有测光表该有的功能，实际在世光508之前，美能达的测光表是最受老一代摄影师欢迎的产品，不过，它需要额外的附件才能使用点测光，而世光不需要使用任何附件，而是把点测光整合在测光表内部，这对于容易丢三落四的人来说还是挺重要的。

　　如果希望买更高档一些的品牌，还可以选择高森。高森测光表有较长时间的制作传统，也有比较多的型号可供选择。本书的作者赵嘉超级喜欢它的小型测光表，很轻、很小巧，只有户外表盘那么大，而且它真的可以当手表用——甚至还有闹钟和温度计。赵嘉经

常在使用中画幅旁轴机（ALPA、MAKINA 67、LINHOF 612）的时候带着它，挂在脖子上完全不会感到累。不过它没有点测光功能。

当然你也可以购买功能更全面的"全能型"测光表，来进行点测、入射式、反射式等多种测量。另外，高森测光表在精度上也比较好，很多专业的摄影师会选择这个品牌的产品。

当然，测光表的品牌还有很多，我们只是介绍比较常用的几个品牌，感兴趣的话，你还可以在市场上寻找到更有趣的或更专业的测光表。

花絮：To be or not to be

关于独立式测光表的使用，本书的两位作者曾在咖啡厅头碰头写书时，发生了分歧。于然先生一边喝着咖啡一边阐述测光表部分非常重要应当保留，而赵嘉先生则坚持数码时代测光表的内容已经不是大家必须掌握的了，应该去掉。

于然认为自从胶片时代，测光表就是摄影师们不可缺少的助手，尤其是入射式测光法，可以让摄影师对于拍摄场景的光线条件有一个直观的把握。当年影响了一代人的纪录片《战地摄影师》中，詹姆斯·纳切威（James Nachtwey）也是手握一只独立式测光表，每到一个场景，先拿出来测一下阳光的强度，阴影下天光的强度。摄影师需要把现场的光线条件在大脑里建立一个判断，然后再拍摄，否则会过于依赖相机，关键时刻产生失误。

而赵嘉认为，数码摄影技术已经非常先进，使用相机中的"直方图"显示功能，已经可以把每张照片的拍摄效果和曝光信息非常细致地显示出来，参照直方图对曝光进行判断可以了解阴影、高光等不同区域的光线情况。如果想了解光线强度，也完全可以直接测量灰板，获取正确的曝光读数，因此，测光表提供的信息已经远远落后于数码相机提供的全面的数据参照。因此测光表的使用已经不重要了。

双方僵持不下，一直到天黑，两人继续争吵着去吃大盘鸡。故将此段落放在这里，由大家选择看，或不看。也希望诸位能把意见通过各种渠道反馈给我们。如在新浪微博上@赵嘉，或者 @于然，或者 @爱摄影工社，均可。

上页图：在这样光线复杂的条件下想要得到合适的曝光，不仅需要多点精确的测光和计算，其实还需要调整得非常好的人工辅助光。　光圈f/11，快门1/15s，ISO100【R】

第3章 光圈

这个小组的名称来自相机镜头的光圈号码，由此镜头摄得的影像大部分都会呈现清晰、明朗的特质，而这正是我们作品中的重要元素。

我们追求的主要目标，在以频繁的展览告诉世人，西方当今最好的摄影作品应该是何等模样。除了展出所属成员的摄影作品，其他摄影师若是有相同的创作趋向，自然也在邀展之列。

……

我们相信，若以摄影为一种艺术形式，其发展就必须顺应摄影媒材本身的现实状况和限制，也一定要始终都能跳脱出艺术和美学的意识传统桎梏。因为这些传统，都是这媒材出现之前的时代和文化所留下来的产物。

——《F64小组宣言》（摘自《亚当斯回忆录》）

下页图：光圈f2.8/，快门1/320s，ISO100

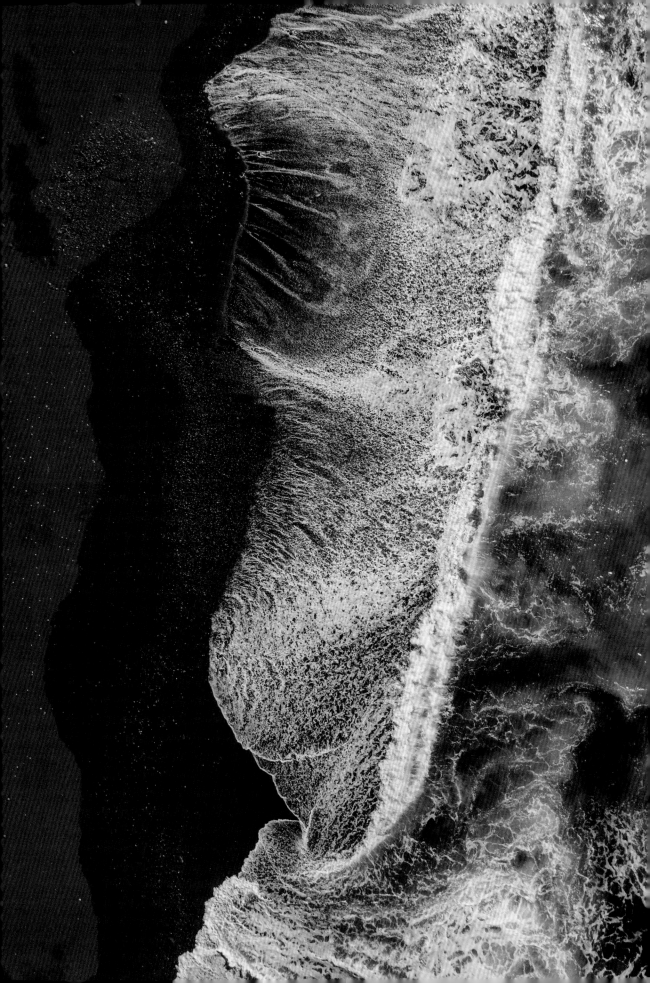

插曲：曝光与游泳池应用题

无论是胶片还是CCD/CMOS，它们其实都是感光体，通过光化学转换或光电转换记录下光线。因此，如果我们通过镜头让外界的光线在密闭的相机中形成清晰的影像落在胶片或CCD/CMOS上，便能够把这些影像"留存"下来，这就是摄影。

而感光物体记录光线是有限度的，只有一定量的光线照射在上面才能被记录下来，过少感应不到，过多则超过其承受能力。这就像一个游泳池，如果你用滴管给它注水，注水量几乎可以忽略不计。而如果使用排水管注满水后还继续注水，那多余的水也只会溢出，游泳池的水量不会增加。

胶片或CCD/CMOS的曝光量由三个因素决定：光圈、快门、感光度。光圈是处于镜头中间的一个限制进光量直径的装置，用来控制通过镜头照在感光体上光线的量。快门是控制光线照射在感光体上的时间的装置，只有快门打开时，感光体才能"见光"，完成曝光过程。

还拿游泳池的问题来举例，光圈就相当于给游泳池注水的水管的粗细，水管越粗，同样时间内通过的水量就多，水管变细，通过的水量就少。快门相当于水管阀门，阀门打开，才能开始注水，阀门关闭，注水过程就结束。

说到游泳池，不知你是否记得上小学的时候经常会被老师要求计算类似这样的应用题："一个游泳池，体积为$1000m^3$，用横截面积为$1m^3$的水管注水，在某个速度下多久可以注满？"这种习题的运算对于10岁时的我们应当是再熟悉不过了，很快就能准确算出答案。

其实曝光的运算就这么简单。这道题就相当于问我们：假如胶片正常曝光需要1000份光，我们的光圈每秒可以通过10000份光线，要让胶片正常曝光，需要多长时间的快门速度？

当然，刚才我们还有一个重要的元素没有考虑进来，就是感光度。感光度所指的是感光体对于光线的敏感程度，感光度越高，证明感光体越敏感，要完成正常曝光所需的曝光量就越少。

如果还用游泳池问题来解释的话，感光度提高一倍，就相当于我们有机器猫的"增倍剂"，加上它，一立方米的水可以变成两立方米，半游泳池的水可以变成一池，这样我们只要注入原来一半的水就够用了。

在这里，把我们以前学的知识也可以套进去，测光，就是测量游泳池的体积，在光圈、快门、感光度这三个数值中，根据已给定的求出未知的。其实摄影曝光的运算简单地说来就是这样，并不复杂。

光圈、快门、感光度，摄影曝光技术很大程度上是围绕着这三个要素展开的，它们不仅是摄影曝光技术的基础，更重要的是它们还串联着其他很多有趣的要素。

摄影"四扇门"中，第二个要推开的往往是"光圈"。

对于正在尝试走出"全自动傻瓜模式"的朋友来说，光圈的数值非常奇怪，有零有整，没什么规律，还不知道大小，让人头疼。2.8、4、5.6…它们到底说明什么，调整这些数值能有什么用？很多影友被光圈复杂的数字迷惑住了。在解答这些问题之前，需要提一句的是，光圈对于专业摄影来说是非常重要的，靠"一招鲜"的"光圈技巧"吃饭的摄影师也大有人在。所以，掌握光圈的使用对于刚刚踏入摄影大门的朋友来说都是非常有价值的。

要理解光圈，我们先要弄清它是个什么东西。

使用最佳光圈，可以带来适合的景深和最好的成像质量。　光圈f/5，快门1/640s，ISO100

什么是光圈

　　简单地说，光圈就是镜头中的一个小孔，这个小孔由一系列如花瓣一样排列在一起的叶片组成（找来一个老式的手动镜头，转动光圈环，我们就可以看到这朵"绽放的小花"）。光圈通过这些叶片的角度变化控制大小，它开大，照射进镜头的光线就多，它收小，通过的光线就少。我们此前已经解释过曝光就像游泳池注水的问题：为同样一个游泳池注水，注水管粗，单位时间通过的水就多，注水管细，单位时间通过的水就少，光圈控制镜头进光量的作用是同样的道理。

　　那么我们为什么需要控制这个"注水管"的口径呢？因为在不同的环境条件下，外界照进相机的光线的量是不同的，而胶片或者CCD/CMOS完成一张正常曝光的照片所需要的曝光量是固定的，我们就需要调整光圈的大小来给它适量的光线。也就是说，当你在"海清沙幼"的马尔代夫拍摄时，光线充足，就需要缩小光圈，来挡住多余的光线。而在西北牧民昏暗的帐篷里拍摄时，由于光线过少，就需要开大光圈来确保最多的光线照进相机。

光圈是由一系列光圈叶片组成的限光设备

你可以做一个实验，先把相机设置在"m（手动）"挡，不要改变快门设置，调整光圈，每一挡都拍一张照片，你便会发现光圈越大拍摄的效果越亮，光圈越小所得照片则越暗。而拍摄效果正常、效果能够接受的可能只是这些照片中的一到两张。这就是光圈控制曝光的作用，而光圈变化每一挡都会对曝光形成比较大的影响，所以我们在进行手动曝光的时候一定要非常精确。

光圈数字与大小

在做上面这个测试的时候，你也会发现，当光圈的数值越大时照片越暗，相反地，数值越小影像越亮。这也是光圈的又一大特点——标示的数值越大，光圈越小；标示的数值越小，光圈越大。

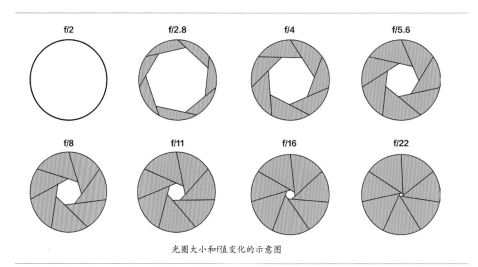

光圈大小和f值变化的示意图

实际上，表示光圈大小的数字近似等于一个比值，即通光口径（注意：通光口径并非镜头前面所标注的直径）与镜头焦距的比值，所得的是"N分之一（如1/8）"的一个数字，这个数字就是完整的光圈大小的标注，称为"f值"，标定方法是这样的：f/2.8、f/5.6…或f 1:2.8、f 1:5.6…作为一个分数，数字的大小是与光圈的大小相对应的，比如1/2.8大于1/5.6，其表示的光圈口径也更大。然而，在光圈环上或数码相机的屏幕显示和镜头上的标示中，为了方便，就将其简化为2.8、5.6，于是变成倒数的数值就和实际光圈的大小相反了。

花絮：变焦镜头的光圈漂移

我们知道了光圈的数值近似为口径/焦距的比值。我们现在可以想象，有一支变焦镜头，假如它的通光直径不变，当我们调节变焦环，把镜头焦距变长时，那么口径/焦距的比值会减小，也就是说，光圈值就会变小。总结起来就是一句话，"长焦镜头在焦距变长时，光圈一般会随之变小"，这就是光圈漂移现象。

很多镜头的第一片镜片卡环上会标示一些信息，比如：Canon EF-S 18-135mm f/3.5-5.6 IS就是说最大光圈在广角时是3.5，而在长焦端，最大光圈就缩小成了5.6。当然，设计师们也设计出了恒定光圈镜头，当变焦镜头前面标注光圈只有一个数值时，例如24-105mm 1:4，就说明只要不做人为的调整，无论焦距怎样改变其光圈值都是不变的。但是，一般来说恒定光圈镜头制作难度大，价格也相对较高。佳能、尼康、索尼等大厂商的大多数顶级变焦镜头都是恒定光圈镜头。

非恒定光圈镜头一般光圈漂移都会达到一挡，大变焦比的镜头漂移程度可能会更大。因此在使用这种镜头进行正常拍摄时，我们要特别注意，在广角端把光圈开到最大时，可能曝光量和景深是合适的；但把焦距调整到长焦端时，由于光圈漂移导致镜头最大光圈变小，其曝光量可能不足，景深可能变长。这一点常常被一些摄影师忽视，影响拍摄效果。

专家点评：T光圈

光圈是表示镜头通光能力的数值，如果要得到精确的曝光，我们也要保证光圈数值的精确。我们的光圈概念是靠镜头的口径来衡量镜头的通光能力的，但是镜片对于光线同样有阻拦作用，吸收和反射、镜片镀膜不良、镜片材质差、镜片数过多都可能导致镜头通光量的损失。因此如果要精确衡量光圈数值，还要将这一部分损失计算进来。于是就要引入T光圈的概念，光圈数值除以镜片透过率的平方便是最终的光圈值（f/t^2），电影摄影中比较重视测量精益求精的T光圈值。

专家点评：微距摄影中的光圈

光圈实际上是口径/物距，只是因为在物距远远大于焦距的时候其约等于焦距，而当进行微距摄影时，这种运算方式就不准确了。例如用50mm微距镜头距离物体100mm拍摄，指示光圈为2.8时（口径/50=1/2.8）实际光圈应是5.6（口径/100=口径/50*1/2=1/2.8*1/2=1/5.6），光圈差距为2挡，实际曝光量为原来的1/4。

景深

如果光圈的作用仅仅是调整曝光，那永远把曝光模式放在全自动模式下就行了，何必还要手动调整光圈呢？大多数摄影爱好者摆脱全自动模式的第一步就是对光圈的调整。他们开始调整光圈的目的，往往是为了追求一种特殊的效果。

这种效果在很多优秀的摄影作品，尤其在人像作品中是非常常见的：人物的影像清晰、锐利，但背景虚幻、朦胧，尤其是夜景拍摄时，背景中的光点幻化为色彩斑斓的光团。这种方式就是大光圈能够带来的效果。当然，也有人也许会喜欢风光摄影作品中从前景的鲜花嫩草到远处的山峦云雾都异常锐利清晰的画面效果。这种效果可以通过调小光圈来实现。

所以，光圈是可以控制画面中景物的清晰范围的。那如何让前景、背景的虚实达到我们想要的效果呢？

我们现在把相机设置在Av（光圈优先）模式（关于光圈优先拍摄模式我们会在后面进行介绍），选好一处景物，最好有丰富的纵深，比如狭窄的小巷，保证画面中从近处到无穷远处都有景物，用三脚架把相机架好，以保证取景不变，对焦在一个景物上，保持画面中清晰的景物不变。然后我们把光圈调到最大（也就是数值调整到最小），拍摄一张照片，然后调小一挡光圈，再拍一张，如此每调小一挡光圈拍一张照片，直到调至最小。把照片显示在计算机屏幕上后，认真地观察景物中的前景和背景，会发现，光圈越大的照片前景和后景模糊得越厉害，而光圈越小则前景和后景越清楚。

如果我们把光圈最大的照片和光圈最小的照片放在一起进行比较，则效果会非常明显。

所以，到现在我们可以明白，光圈对于高级一点的摄影，主要的意义在于控制"景深"！

当然，用来控制景深的方法还有很多其他的方式，比如调整焦距、调整拍摄距离，这些内容请参照《一本摄影书》中的关于景深的部分。

花絮：景深预测按钮

对于单反相机的使用者来说，取景器为了得到最佳的观察效果，都是在最大光圈下进行观察的，只有在拍摄时，光圈才会缩小到你所设置的大小，当然，这时供取景使用的反光镜已经抬起，你是看不到影像的。

这样一来，我们怎样能在取景器中看到景深的情况呢？设计师们不会让你留有这样小的遗憾。他们在相机上设置了一个小按钮（一般是在镜头的周边），按下这个按钮后，光圈缩小，你就可以看到在这一光圈下的景深效果，当然，这时取景器也会变暗，观察效果会受到影响。你需要在较暗的视觉效果下，判断景深是不是符合你的要求。

上页图：风景照片，适合用从远到近都清晰的"大景深"进行表现，建议把光圈缩小到f/8以下。
光圈f/11，快门1/250s，ISO100【R】

大光圈的镜头，可以让你拍摄人像时，保持脸部清晰，让服装都变模糊，如果你想要这种风格的人像，那是时候买一支大光圈镜头了。 光圈f/2，快门1/250s，ISO100【R】

大光圈镜头

无论如何，大光圈镜头还是很多摄影师的挚爱，他们会说："喏，大光圈，通光劲，暗处拍得来，虚焦又正典！"大光圈的拍摄效果让很多人倾倒。"狗头"广角端最大光圈往往是f/3.5，这已经远远无法满足他们的胃口，更不用说长焦端漂移到的f/5.6。于是喜欢大光圈，又"手头紧"的摄影师们，会花600块买一支50mm f/1.8镜头，感受一下大光圈的感觉。如果这还不够，斥资买一支光圈f/1.4或f/1.2的镜头。如果你以为斥资一万元左右买的大光圈镜头到这里就"到顶"了，就大错特错了。

你仅仅是站在了"十二神庙"的台阶前而已，大光圈的"神话"从这里才刚刚开始。你面前的第一间神庙，便属于佳能在1987年配合EOS系统的第一代EOS650发售而推出的EF50/1.0L。它是佳能EF体系中唯一一个能将光圈推到f/1.0这个整挡上的镜头。目前市场上还能看到的超大光圈镜头中，它也是当仁不让的"巨星"。无疑是能用钱买到的最大光圈的单反用自动对焦50标头了。虽然当年价格高达17000元左右，在市场上流通数量很少，但总还是随时可以买到的。

佳能公司在2010年对这支镜头进行了改进设计，以获得更好的成像质量和与数码相机兼容的性能。但是可惜的是，佳能公司在大光圈与成像质量的权衡中放弃了标志性的f/1.0的光圈，改为比较通行的f/1.2。

花絮

对于50mm1.0，佳能开发它的主要目的其实是炫耀研发能力，佳能最早将萤石镜片用于光学系统中，对于设计大口径的镜头有一套成熟且先进的技术，造就了这支到目前为止135单反可更换镜头中相对口径最大的"怪物"。说它是个怪物一点也不假，72mm的口径（对比一下，EF 50/1.4 是52mm口径，佳能小白口径是77mm），接近1kg的重量（985g），镜头后部还特地做了个收口，否则根本没法塞进机身卡口里面去。

超大光圈的镜头多数都集中在50mm焦距段。50mm焦距的镜头被称为标准焦距镜头，可能是最为普及的镜头种类了，虽然结构相对简单和比较廉价，但却也是出现超大光圈镜头最多的一个门类了。在50mm焦距上，F1.0甚至都算不上是最大的，光圈更大的数不胜数，例如曾经在摄影的"老宗师"一辈中传唱一时的，佳能在1961年为旁轴的Canon7配套生产的50mm f/0.95，就是摄影师们比较喜欢"淘换"的目标之一。现在不乏爱好者把它安装在无反相机上，形成反差极大的配搭，但成像质量还是可圈可点的。现在徕卡公司也有类似光圈的标准镜头，不过，价格不菲。

如果你为大于F1.0的光圈瞠目，就为之过早了。在"大口径神器"中，它还只是"小巫"而已。且不说特殊设计的镜头，即便是量产的镜头，也还有罗敦斯德（Rodenstock）的Heligon 50mm f/0.75投入过小规模量产。

使用广角镜头的时候，景深比长焦镜头的要大。此时如果你想要虚实的对比，就需要比较大的光圈，最好是1.4以上的光圈，才能给你足够模糊的焦外效果。另外，广角镜头的前景深其实比长焦镜头的更短，所以前景要比背景更容易得到模糊的效果。 光圈f/4，快门1/500s，ISO100【R】

如果加上特制型号的话，还有蔡司在1966年为NASA专门设计的Planar 50/0.7镜头，它搭载在阿波罗计划中的绕月探测卫星上用于拍摄月球背面的地形和地貌，因此在用料和制作上不惜工本，得到的成像质量也是相当惊人的，可以说远远超出我们一般人的想象力极限。尼康曾经也出品过定制的工业镜头Nikkor 50/0.7。最后，还有蔡司给NASA单独做的50/0.65镜头，不过这个是给哈苏机身用的。

如果这些镜头距离我们有点远的话，现在佳能、尼康和索尼三大体系中就有不少饱受称赞的大光圈镜头，其实，F/1.4已经是很大的光圈了。

花絮：大光圈要有大投入

大光圈镜头往往比较贵，一般来说，光圈大一挡，镜头价格就要变成原来的两倍。例如标准焦距变焦镜头中，佳能当年的EF 28-135mm f/3.5-5.6 IS USM卖三千多，而EF 24-105mm f/4L IS USM就要六千多，相应的EF 24-70mm f/2.8L USM则要超过一万元。这是因为大光圈镜头要达到足够好的成像效果，则要经过更加复杂的设计加工和改良。已经非常成熟的镜头制作工艺，在技术上每前进一小步都非常困难。

专家点评

◎ 镜头体积与制作难度

镜头体积越大，光圈越难做，f=直径/焦距，镜头第一片镜片的口径至少要比公式里的直径大，因此50mm镜头要做到光圈为2，直径25mm就够了，假设1000mm的镜头要做到光圈2，就需要500mm的直径。一片镜片做到半米的直径价格就已经不菲，镜头的体积是直径的立方级的概念，则会因为过大带来高昂的造价，这就是为什么佳能1200mm镜头那么大体积只有5.6的最大光圈，而且价格高昂只接受定做。据说不止一个国家的军方曾设计制造过400mm 1:1.4的镜头用于海上监视或卫星导航。

◎ 最佳光圈

一般来说镜头光圈越大，最佳光圈成像质量往往越高，这是因为：大光圈的镜头往往设计制作更加复杂、精良，以求在大光圈下依然保证优秀的成像质量，如此一来，如果将光圈缩小到最佳光圈，则往往成像质量会更好。

焦点外成像

焦点上的景物是否足够清晰往往比较受人们的重视，而焦点之外的成像效果却往往被大家忽略。"焦点之外的影像不是模糊的吗？模糊还要区分好模糊和坏模糊吗？"的确，在拍摄小景深的景象时，背景虚化的效果对于画面整体效果来说是非常重要的，虚化的圆斑形状、边缘过渡都非常讲究。有些镜头因为光圈的设计，虚化圆斑会形成多边形，显得人为痕迹比较重，不够自然；也有些镜头会呈现"焦外二线性"，一个圆斑变为两个，视觉效果会显得比较混乱。因此，为拍摄小景深画面选择大光圈镜头时，我们也要注意镜头的焦外成像效果如何。

建议在学习中，可以尝试使用一支常用焦段的镜头，把它开到最大光圈，坚持拍一周的时间，你会对如何用好大光圈镜头有更直观的认识。

大光圈镜头凝聚了这么多设计师的心血，那么是不是光圈越大越好呢？开始使用光圈优先手动曝光以后，你面临的第一个选择就是：光圈为多少合适？你可以尝试把光圈开到最大，拍摄一段时间。这样一来，你得到的效果就是：景深最大，也就是最容易得到清晰的主体与柔和的背景的。同时得到的还有同感光度条件下的最高快门速度。这就意味着你手持相机的抖动影响将被降到最低。

首先大光圈虽然能够带来比较高的快门速度，但是过浅的景深对于对焦工作来说是个考验。如果你使用的是光圈比较大的标准镜头，过小的景深会使焦点更难于控制，尤其是近距离拍摄的时候。手动对焦比较难完成，稍有不慎，主体就会陷入模糊的背景中。即便使用自动对焦，但如果在焦点锁定之后，主体有所移动，也会影响到对焦点的清晰度，近距离拍摄时，主体的位移相对拍摄距离更明显。

　　此外，虚化的背景也会带来麻烦。例如，背景画面上如果有一些重要的信息：表现时间的时钟、物体上的重要文字、陪衬人物的表情等，这些信息有时对于照片来说也是非常重要的，可以让照片里包含更多的人与人之间的关系、人与物的关系、更多的故事、更多的感情。如果把这一切都溶化在模糊的影像中，只留下孤零零的主体，造型上的美感的确可嘉，但是长时间慢慢品来，则容易显得乏味。

　　大光圈还会带来其他问题。一般镜头的最大光圈成像质量往往不够理想，暗角、形变、色差等问题都会比较明显（关于形变与色差，请参考《兵书十二卷：摄影器材与技术》一书中的内容）。

　　因此，很多摄影师并不会永远使用最大光圈进行拍摄，就算想要较大的景深，或者较高的快门速度，他们也会采用比最大光圈低一挡的光圈，来保证更高的成像质量，并得到更好控制的景深。

大光圈并不是所有时候都适用，有的时候展现出背景的信息能够给人物的身份与行为更多的注解和更浓郁的氛围。　光圈f/5.6，快门1/30s，ISO400【R】

大机器的小光圈——F64传奇

当拍摄一段时间后，你可能有时开始考虑"拍这样的照片，是不是要把光圈调小一点？"了解了接下来的一个传奇故事后，相信你会更认真地考虑这个问题了。

我们常用的135单镜头反光相机和数码单反相机在摄影世界中仍属于小画幅相机，135相机拍摄的画幅大小为24mm×36mm，全画幅数码相机与135相机画幅大小一致，APS-H、APS-C画幅的数码相机和其他数码相机一般要小一些。但是专业摄影领域还存在着拍摄底片幅面更大的相机，120相机使用120胶片，画幅为60mm×45mm至170mm不等，更大的座机则有4英寸×5英寸（大约100mm×125mm）、8英寸×10英寸（200mm×250mm）的超大画幅。

大画幅相机对角线长，等效焦距也比较长，对于4×5相机来说，标准焦距镜头是150mm左右，焦距越长，同等口径下，光圈就更难做大，加之镜头的制作难度加大，一般大画幅相机难以制作大光圈镜头。

不过对于大画幅摄影师来说，这并不是个问题。大多数大画幅摄影师都是风光、建筑类的摄影师，所以大多数大画幅摄影师偏爱前景背景均清晰的大景深效果，即便有一些以景物拍摄为主的广告摄影师，大景深也往往是他们精益求精的要求之一。毕竟，大画幅的成像质量若都牺牲在模糊的景深里，多少显得有点"可惜"。无论如何，综上所述，小光圈成了大画幅摄影的常用光圈。

而关于小光圈，在大画幅摄影界还有一个传奇。

1932年的一个晚上，美国加州伯克莱的一间小屋里面聚集了一些志同道合的年轻人，他们同样爱好着摄影，在畅谈中，他们找到了彼此共同的追求，于是就在这个晚上组成了一个团队，后来取名为F64小组。他们共同追求清晰锐利的影像风格，抵抗当时盛极一时的艺术照潮流（当然也遭到了艺术照拥护者们的抵抗与鄙视）。尽管该小组持续了只有1932到1935年短短的三年多，但在这段时间发表的作品、视觉宣言和举办的展览却对美国的摄影史造成了深远的影响。而这个小组的成员也在后来被证明都是摄影星空中璀璨的巨星。他们是韦拉德·范戴克（发起人）、安塞尔·亚当斯、爱德华·韦斯顿、亨利·施韦特、约翰·爱德华兹等。本章开篇的文章，便是他们成立这个小组时，发表的F64小组宣言。

花絮

有一次在韦拉德家的晚上聚会里，大家闹着要给这团体取个名字。年轻的摄影师普瑞斯顿·霍德也在。他建议干脆就叫作US256就好了，那是个非常小的镜头光圈号码，许多人都用US256来拍出比较鲜明、比较深的景物。因为担心别人以为这是条高速公路的名字，我就顺着他的想法推下去再想了想，之后拿起一支笔，画了一个弧形的F64，那个图形很漂亮，用得也很贴切——这F64和旧的US256都是新型的光圈。摘自《安塞尔·亚当斯回忆录》第95页。

256的光圈按道理来说太小，如果以300mm镜头来看（安装在4英寸×5英寸相机上相当于135镜头43mm左右），光圈直径接近1mm，首先精度难以保证，即便精确做出来，在清晰度上也很难保证。

根据衍射公式（衍射公式：一支镜头的分辨率等于1477除以光圈的F值，即：R=1477/F。其中R是分辨率，单位是线对/mm（lp/mm）；F就是光圈值），亚当斯在使用F64的光圈拍摄时，镜头的极限分辨率只有23lp/mm，但是我们知道亚当斯当年使用的是8英寸×10英寸的底片，那么用现在的数码影像的词汇来计算亚当斯当年的照片则可以达105800000像素，即达到了1亿像素。同样根据衍射公式，如果他使用F256的光圈拍摄，镜头分辨率只有6lp/mm，即使仍然使用8英寸×10英寸的底片，也只有720万像素。如果他使用4英寸×5英寸的相机，即使使用F64的光圈拍摄，也只有2645万像素。这只是理论上的推断，不知当时有没有其他的特殊情况，或者可能当时的US光圈系统与我们如今常用的光圈系统不太一样。

花絮

衍射，简单地说，就是光线不是严格按照直线传播，而会"拐弯"的现象，这种现象经常发生在光线通过狭小的缝隙或经过细小的障碍时。晚上，如果我们眯起眼睛看路灯，灯光周围会有放射的星光般的光晕，这就是睫毛带来的衍射作用。

镜头的口径与衍射的关系，可以用一个光学上的理论公式简单而明显地表达出来。一支镜头的分辨率等于1477除以光圈的F值，即：R=1477/F。其中R是分辨率，单位是线对/毫米（lp/mm）；F就是光圈值。例如：把一支镜头的光圈开大到F2.0，那么理论上的分辨率可以达到738 lp/mm，也就是说这个镜头理论上可以在一个1mm的宽度内分辨开738条线；而把这支镜头的光圈开到F32，那么分辨率就只有46 lp/mm了。一支镜头在光圈开大到F2.8、F4以上的时候，由于制作工艺的限制，镜头很难达到它的理论分辨率；而当镜头的光圈开到F16、F22以下时，镜头的分辨率就可以非常接近它的理论分辨率；当镜头的光圈开到F32、F45时，几乎任何一支镜头的分辨率都可以达到它的理论分辨率。

每一支镜头的最佳光圈可以通过认真的测试得到，而且即使是同一厂家出品的同一时期的相同规格的镜头，每一支镜头最佳光圈也是会稍有不同的。只要我们认真地寻找，总可以找到1～2挡最佳光圈。数码相机给我们的测试带来了极大的方便，只要我们使用了稳固的三脚架，避免了相机的震动，然后仔细对焦，拍摄分辨率板或其他有细节的景物，我们就可以找出一支镜头的最佳光圈。

超焦距

随着AF时代的到来，拍摄变得更加简单，尤其是自动对焦系统在什么时候都可以快速、精确地对准焦点，让你获得清晰的照片。但是，随着你更多地使用相机，一定会遇到相机很难自动对焦的情况，那时候或许你会问，如果自动对焦的相机都很难对焦，那么手动时代那些清晰的照片是怎么拍下来的呢？那得多难啊？

其实，在手动对焦时代，摄影师对焦有一个法宝，让我们也能拍出清晰范围很大的照片，即使用"超焦距摄影"。

仔细观察手动对焦镜头的镜身，我们能够发现在标示焦点的线周围还有一些五颜六色的线条，上面标有数字，这些线是景深标尺。例如把焦点调至无穷远，并且这时的光圈是8，然后我们去找标有8的颜色的线条，一条会指向无穷远以外的范围，不用管，另一条会指向某一个距离的数字，比如是5m。两条线条之间的距离范围，就是清晰的景象的范围。所以此时的清晰范围是5m至无穷远。

此时，如果我们把位于无穷远以外的线条旋转至无穷远的标示处，那么另一端也必定随之左移，应移至原先的一半即2.5m左右。这时，景物的清晰范围最大，从2.5m处至无穷远，景物都会是清晰的。此时，我们把2.5m称为这支镜头在这一焦距上，光圈f/8的超焦距。

使用这种方法可以开发出任一焦距镜头在特定光圈上的最大景深，即便是我们不得不使用长焦镜头和大光圈，也能通过这种方式拍摄到较大的景物清晰范围。

但是需要注意的是这种方法只能拍摄远景，如果景物距离在超焦距以内，则显然无法保证清晰度。当然如果使用超焦距拍摄远处的风景，配合小光圈、短焦距，则能够得到最理想的景物清晰范围。

超焦距在AF相机上其实也有很大的用处，特别是在拍摄风光时，以及人文摄影用于抓拍的时候。比如使用21mm镜头在街头抓拍，你可以把光圈设置成f/8，距离设置成2m，这样，根据景深标尺可以看到，从1.2m到无穷远都是清晰的，这样，你再也不用发愁对焦不准的事情，赶紧上街去按快门吧！

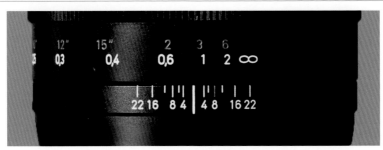

光圈f/22时的超焦距设定

下对页图：使用超焦距在夜景拍摄时也很常用，镜头的超焦距设置基本是固定的，拍摄前，先确定你需要清晰的部分最远和最近距离各自是多少，然后按照景深标尺选择超焦距的读数，很多摄影师的经验是，可以再收小一挡光圈作为保险。 光圈f/1.4，快门20s，ISO2500

画幅与景深的关系——我们为什么要选择全画幅相机

在实际拍摄中，与景深有关的要素有三个：焦距、光圈与拍摄距离。然而还有一项因素往往容易被我们忽略，就是不同画幅的相机得到"相对"景深是不一样的。

"卡片机"的景深

我们经常使用的"消费级"数码相机，也就是俗称的"小数码"或者"卡片机"，其感光元件的面积往往比正常数码相机的要小很多。无论你是使用常见的佳能、尼康、索尼，还是相对小众一些的三星、松下、富士、 奥林巴斯、宾得等，都会意识到，它们的焦距无法与35mm单镜头反光相机的焦距相提并论。你的相机的变焦范围大概是7-21mm、9-72mm或9.7-48.5mm。7-21mm镜头就相当于35-280mm的变焦镜头。这是由消费级数码相机的过小的感光元件面积造成的。尝试从你的照片当中裁下一块，就好像是用长焦镜头拍摄的，这就是为什么同样焦距的镜头，放在感光元件面积较小的数码相机中会显得焦距更长。

对于这个级别的数码相机，尽管焦距是7-21mm 的变焦镜头等效到了35-280mm。但是由于镜头的景深是和焦距、光圈、拍摄距离直接相关的，因此它的景深仍然没有变化。换句话说，在你的消费级数码相机上，等效35-280mm的镜头，却只有7-21mm的景深。这是小画幅相机最让人头疼的问题。画幅相对较大的APS－C画幅的数码相机（等效焦距需要乘以1.6倍的系数），虽然比起"小数码"来说有着更好的景深，但它也仍然只能保留镜头本身焦距的景深效果，而不能得到等效焦距的景深。也就是说，例如18-200mm这支镜头，在APS-C画幅的数码相机上，等效焦距是28-300mm左右。但是它不能带来等效的景深，其景深仍然是18-200mm的效果。与全画幅相机加上28-300mm的镜头相比，它的画面虽然完全一样，但是景深就比较大。

如果我们换算来看，对于追求浅景深效果的摄影师来说，消费级数码相机拍出来的照片非常尴尬地受制于其小景深表现能力 。对于一般数码相机来说，即使你将光圈设在f/2.8，也只能相当于全画幅相机里面f/11的光圈，景深仍然很大。当你把光圈设在4时，则相当于光圈16的效果 。如果光圈设到11，就相当于在用一个64的光圈拍照。

小画幅数码相机的小景深效果并非绝对是一个弊端，对于很多摄影师来说，它也是个不小的帮助。 举个例子来说，如果用单镜头反光相机和35mm焦距广角镜头进行叙事型构图的拍摄，我会选择22的光圈来表现最大的景深。如果在快到晚上的时候，用ISO100 拍摄侧光的景象，我就会选用1/30s的快门速度。但使用这样的快门速度就需要用到三脚架。面对同样的情况，使用不可卸镜头数码相机的人选择5.6的光圈就可以达到同样的效果（这就相当于22的光圈所能达到的景深），这样的话，快门速度也比选择22光圈的快4倍，闪电般的

光线好的情况下，小画幅的卡片机一样可以在旅行中拍出优质的照片。
但在暗光下，还是更大画幅的相机能带来足够好的画质。
光圈f/2.8，快门1/800s，ISO1250

1/500s就可以。在这样的速度下，谁还需要用三脚架？

类似地，当你拍摄花的近景和叶片上的露珠时（假设有微距模式），就可以选择光圈8或者光圈11（分别相当于单反相机32和64的光圈）。即便是这样，你还是可以拍出极高的清晰度和丰富的细节，这可是单反相机的使用者梦寐以求的。每一个单反相机的使用者都知道，在用32的光圈拍微距时，因为快门速度太慢，用手拿着相机和镜头不够保险，所以每一次都需要用到三脚架。可是拍摄相同的露珠，使用家用数码相机8的光圈（相当于32的光圈的效果）就可以，快门速度也会快很多，根本就不需要用三脚架。

光圈与成像质量

大光圈小光圈都有如此辉煌的事迹，我们来把这个话题继续问到底，那么中挡光圈存在的意义到底是什么呢？

很多人为了保证拍摄的清晰度，追求小景深，便常年将相机设置为光圈优先自动模式，把光圈开到最大。当然也不乏F64小组的追随者们，把镜头变为恒定光圈64。

当然，也有人不属于这两种极端人士，不追求特定的景深效果，他们热爱中国"太极"式的高致，以中庸和谐之气调和两极，不执迷于其中，却超乎其上。

虽然说得悬了一点，但这种取道中庸的方式并非不可取。我们可以把光圈调整在中间几挡。例如，镜头的最大光圈是1.4，最小光圈是16，那么我们可以把光圈放在4或5.6；如果镜头的最大光圈是4，最小光圈是64，那么我们可以把光圈放在8或11。我们把这样拍出的照片与极端人士的作品放在一起比较，就会有惊奇的发现：照片的清晰度会明显不同，色彩、反差和分辨率都似乎都更胜一筹。这种优势在将图片放大到一定的尺寸以后会明显地显现出来。

为什么会这样？因为大光圈、小光圈在制作上各自会遇到问题。

专家点评

一个镜头的光圈开得太小，例如开到F22、F32时，由于光孔的直径太小，制作精度的要求就会非常高。例如50mm镜头，光圈8，理论上直径要做到6mm多，而32的光圈就要做到1mm多。我们可以试着用几个纸片拼成一个环，中间留出直径1mm的小孔，这显然不是一件容易的事。其次，任何一点误差对于这1mm来说都太大了一些。同时，根据物理光学的原理，当光圈直径过小时，光线的衍射现象会非常严重，会大大影响成像质量。

而当一个镜头的光圈开得太大，例如开到F1.4、F2时，那么镜头由于制作工艺的限制，各种成像误差就会非常明显了，例如：球差、彗差等就非常难以克服，分辨率很难达到它的理论值。大光圈的制作难度在于，镜头的球差、慧差在光圈开大时都会变得明显，而在适当缩小光圈后就会得到大大改善。因此，为了制作大光圈的镜头，设计师们煞费苦心，增加镜片、使用非球面镜片等，才生产出我们之前提到过的那些大光圈镜头"宝贝"们。所以，当我们想让一支镜头的光圈变大时，对这支镜头来说可能将面对脱胎换骨的变化。

最佳光圈

镜头成像最好的光圈，既不是最大，也不是最小，而是在比较折中的位置上。在这些位置上，既可以尽可能地消除误差，又可以有效地避免衍射。

如果我们分析镜头的MTF曲线的话，会发现：中挡光圈的成像质量更好。在所有级别的光圈中，有一级到两级的成像清晰度最接近原景物。我们往往将其称为这支镜头的最佳光圈。

下页图：要想拍下从近到远都清晰的栈桥，即便是用广角镜头，你也需要比较小的光圈，来保证更理想的清晰度。建议使用f/8以下的光圈，记得光线比较暗的情况下要用三脚架。　　光圈f/11，快门1/60s，ISO100【R】

花絮

MTF曲线，就是统计镜头的分辨率和光圈关系的曲线图，常用来作为评判镜头成像质量的手段，横轴一般为某点到圆心的距离，纵轴为0至1的数值，数值越接近1，越代表其清晰度接近于原物体。一般会将不同光圈的成像质量、变焦镜头不同焦距的成像质量分别统计。

MTF测试是目前最精确和科学的镜头测试方法。瑞典权威的《摄影》杂志对它的解释是：

"MTF测试使用的是黑白逐渐过渡的线条标板，通过镜头进行投影，被测量的结果是反差的还原情况。如果所得影像的反差和测试标板完全一样，其MTF值为100%。这是理想中的最佳镜头，实际上是不存在的。如果反差为一半，则MTF值为50%。0值代表反差完全丧失，黑白线条被还原为单一的灰色。当数值超过80%（20lp/mm），则已极佳。而数值低于30%，即使在4英寸×6英寸扩印片下影像质量仍较差。测试分径向和切向两种方向。如果两者相差较大，说明镜头遭受较严重的像散。较高的空间频率值（即lp/mm值，可理解为分辨率）如30lp/mm与20lp/mm相比，其MTF值通常较低。"（注：这里的反差表现在画面中的表现相当于我们所说的"明锐度"）

EF-S 17-55mm F2.8 IS usm的MTF曲线如下图所示：

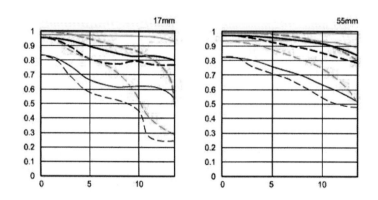

从上图我们可以看出，镜头最佳光圈（蓝色实线）的还原相似度非常接近1，要比最大光圈（黑色实线）的数值平均高出10%以上。

专家点评

让我们通过三张测试图和一个测试表格来看看镜头的分辨率随光圈的变化关系，下面三张图所示，是美国《大众摄影》测试的三支日本的玛米亚镜头和三支德国的康太时镜头在不同光圈下的分辨率的对比情况。三支镜头的焦距分别是45mm、80mm和210mm。图中的纵轴代表分辨率，单位是Lines/mm；而横轴就是光圈值。实线是像场中心的分辨率，虚线是像场边缘的分辨率。我们先来看玛米亚和康太时80mm镜头的数据：从图中可以很明显地看到，两支镜头的最佳光圈都是F5.6，最佳光圈的分辨率比最大光圈的高出了56%，而比两支镜头共同的最小光圈的正好也高出了56%。表格更详细地列出了两支镜头在不同光圈、不同像场处的分辨率数值。通过第2张图和第3张图我们可以看出，不同的镜头的最佳光圈位置是不一样的。有的在F5.6，有的在F8和F11，有的是F5.6、F8和F11三级最佳光圈；玛米亚210mm F4 的最佳光圈居然在最大光圈F4。

镜头的分辨率与光圈的关系如图所示：

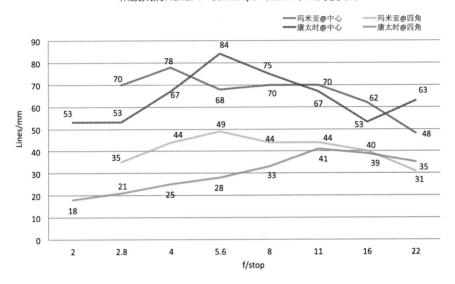

玛米亚 AF 80mm f/2.8（2000年4月发布）和康太时Planar T* 80mm f/2（1999年11月发布）

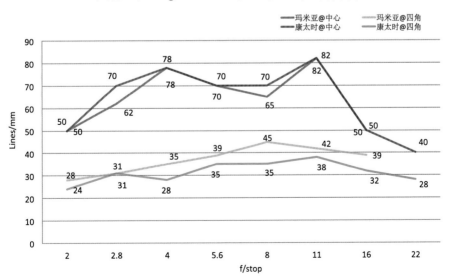

玛米亚 AF 45mm f/2.8（2000年4月发布）和康太时 Distagon T* 45mm f/2.8（1999年11月发布）

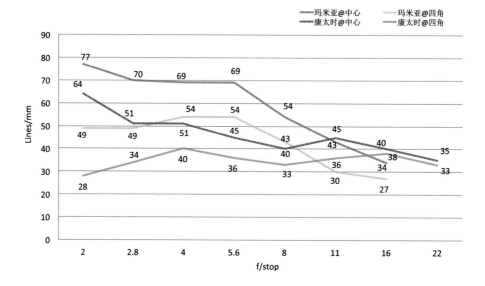

玛米亚 AF 210mm f/4 （2000年4月发布）
和康太时Sonnar T* 210mm f/4 （1999年11月发布）

玛米亚 645 AF 80mm f/2.8 和康太时 Planar T* 80mm f/2

f/stop	中心分辨率				四角分辨率			
	玛米亚		康太时		玛米亚		康太时	
2	—	—	极好	53	—	—	凑合	18
2.8	极好	70	极好	53	极好	35	凑合	21
4	极好	78	极好	67	极好	44	凑合	25
5.6	极好	68	极好	84	极好	49	好	28
8	极好	70	极好	75	极好	44	好	33
11	极好	70	极好	67	极好	44	极好	41
16	极好	62	极好	53	极好	39	极好	40
22	极好	48	极好	53	好	31	很好	35

*数据图转自美国《大众摄影》杂志

　　一般来说，最佳光圈是在镜头最大光圈缩小2～3级的位置，好的镜头可以是比最大光圈缩小1～2级的位置。大口径的镜头，一般是在最大光圈缩小2～3级的位置。一支镜头在最佳光圈下的成像功力（仅仅从拍摄的影像清晰度来看）往往要比最大光圈的强30%～40%，有时可以达到50%以上。而比最小光圈的强50%以上甚至是1.5到2倍。现在看到"以柔克刚"的功力了吧！

　　中挡光圈平和的路线，却让它不仅避免小光孔的衍射现象、高制作难度，又防止了大光圈带来的像差。得天独厚的优势，让中挡光圈具备了最佳的成像质量，为实现影像质量的巅峰铺平了道路。当把拍摄的照片层层放大、细细品味时，我们才会发现，原来在追求最大光圈和最小光圈时，也错过了很多。一味地把光圈放在最大挡或最小挡都不见得是最明智的选择。

花絮：高像素密度数字感光元件带来的新问题——衍射极限光圈

衍射极限光圈（Diffraction Limited Aperture，简称DLA），有时候也被称为"像素衍射临界光圈"或者"镜头衍射临界光圈"。使用光电转换感光元件的数码相机，当镜头的光圈收缩到某一挡后，由于光的衍射作用，成像会产生严重的影响。

有关衍射极限光圈的原理和测算方式，大家可以上网查查，这里只说结果：衍射极限光圈=像素尺寸/（1.22×光波的波长）。

先说明一下，自然光是混合光，可见光波长约为380nm到780nm，所以红色光受衍射极限光圈的影响最严重。不过，通常可以以中间值，蓝绿色波长的500nm算出个大概来。

从这个公式来看，衍射极限光圈和像素直径的大小有最直接的关系，同样面积的感光元件，像素数越高（每个像素的直径越小），衍射极限光圈也就越大。这意味着，同样面积的感光元件，随着像素的提高，小光圈就变得越来越不适合使用了。

其实衍射极限光圈并不是一个新问题，留心观察一下，很早开始，很多袖珍数码相机的光圈都只有11甚至8。这是因为袖珍数码相机的感光元件很小，仅依靠很小的单像素直径把像素做很高根本没有实用价值。职业摄影师基本不用袖珍数码相机，所以大家也不怎么提这事儿。

衍射极限光圈问题最早被专业领域重视，是在利图和飞思发布8000万像素数码后背的时候。当时8000万像素数码后背的像素密度是要远远超过当时135数码全画幅相机的，所以，在职业摄影师中有人开始留意关于衍射极限光圈的问题。这些在我们2011年出版的《顶级摄影器材》（数码卷）第3版讲飞思IQ180的章节里有专门的内容论述。

飞思的IQ180使用一块近似645规格的CCD感光元件，它的像素密度达到了5.2um的级别，这个密度要比当时所有顶级的全画幅135数码单反相机的都要高。所以可以想象，它受衍射极限光圈的影响是相当大的。如果按照衍射极限光圈理论的限制，在使用8000万像素的数码后背的时候，镜头设定光圈为8或者更小时就会出现分辨率的下降现象，甚至有些严谨的摄影师把这个限制控制到5.6或更小。因此，就出现了另外一个问题，如果镜头只能使用比较大的光圈，景深不足的问题就会困扰很多专业摄影领域。当然，在拍摄完全静止的画面时可以靠多拍几张不同焦点的图片，再通过软件的方式解决，但是很多题材是做不到这一点的，尤其是风景、自然和建筑摄影。

要知道在胶片时代，是不存在这个问题的，很多摄影师已经习惯了把他们的哈苏或者禄来相机的镜头收缩到22甚至32来拍摄！

不久之后，这个问题又开始困扰着更多拥有全画幅数码相机的职业摄影师。

在2012年初尼康3600万像素的D800发布之前，35mm数码单反顶级机（全画幅、2000万像素级别）的衍射极限光圈其实已经基本在f/11左右，只不过，f/11并不是一个不能接受的光圈，大多数人并没有在意。所以尼康D800的样片都是用大于F8的光圈拍摄的，也是基于同样的原因。到2020年的时候，全画幅无反相机已经达到了6000万像素级别，像素密度达到了3.76um，可以想象这时候衍射极限光圈又不是F8了。而且显然未来专业相机的像素数还会进一步提高。

当然，这里面还有一个问题，不是说比衍射极限光圈小一点的光圈就完全不能使用，只是说使用比衍射极限光圈更小的光圈，它的成像质量会下降。对于某些领域的摄影作品，景深很重要，而影像质量少量下降不是太大的问题。但对于需要高质量的摄影领域，这依然是一个绕不开的问题。

那这个问题怎么解决呢？

当然最简单的方式是单个像素不要再缩小了，靠扩大CMOS的面积来提高像素数获得更高的画质。实际上这样会立刻带来一系列成本、镜头匹配方面的问题，并不容易施行。

对于中画幅相机来讲，比较现实的方法之一是采用镜头仰俯附件，金宝、雅佳等技术相机上采用了类似的思路。改变镜头光轴和数字感光元件的垂直关系是一个可以改善景深的办法，它应用的原理实际是大画幅技术相机上常用的沙姆定律。

沙姆定律是大画幅和中画幅技术相机上常用的技术，它的原理是改变被摄体平面、影像平面和镜头平面的平行关系（实际上就是通过前组和后组的摆动）来获取在大光圈下异乎寻常的景深效果。

在35mm相机中，佳能和尼康的专业移轴镜头上的仰俯摇摆功能也是利用了沙姆定律的原理。实际上现在还有几个厂家生产易于在数码相机上使用的技术相机，比如金宝公司的微单轨ACTUS，兼容中画幅和35mm无反相机系统，也可以相对好地解决这个问题。

但是，这个办法也有它的弊端。一来，数码相机使用沙姆定律可不是件低成本的事情。另外，目前技术条件下的CCD和CMOS感应垂直照射光线的能力非常强，而感应斜射光的能力相当差，这也是很多在胶片时代不错的镜头到了数码时代都出现问题的主要原因。如果使用镜头的仰俯功能，至少远角的光线就会比镜头仰俯之前的斜射更厉害，也就意味着这时候它的成像会出现问题的可能性更大了。虽然这些问题在一定程度上可以依靠镜头设计和后期软件来解决，但目前会不会出更大的问题，则还不得而知。

光圈的选用

到底该加入大光圈的"神器门"，还是小光圈的"F64军团"（由于追随者甚众，如今使用F64的人已经远远不止一个小组了），或追求最佳光圈的"太极派"？很多刚踏入摄影这个魔幻江湖的影友在各大门派面前难以选择。其实每一种使用光圈的方法都有自身的特点，我们如果能运用好各级光圈的优势，并避开它的劣势，就能拍出优秀的作品。不是很多武林高手都掌握了各大门派的精髓吗？能够将每一种器材的最大潜力挖掘出来，进而完成撼世之作的，才是真正的摄影大师。

大师似乎距离我们还远，我们在拍摄时怎样判断什么光圈合适呢？我想这首先要依题材来看。

如果我们是风光摄影师，小光圈的大景深效果往往比较容易受到青睐，当然，由于风光摄影的焦点往往位于较远的景物上，加上常常使用广角镜头拍摄宏大的场景，因此即便开大光圈，景深效果也不见得明显，相反缩小光圈后的大景深往往能够达到所见一切皆清晰可辨的效果，身临其境的真实感很强。当然，一般使用最佳光圈已经能够达到足够大的景深，加之良好的成像质量，所以它也是风光摄影不错的选择。

在用广角镜头拍摄的时候，一般使用最佳光圈已经能够达到足够大的景深，并有良好的成像质量，它是风光摄影不错的选择。　光圈f/8，快门1.6s，ISO400

在静物摄影中，可以充分利用大光圈实现"前实后虚"的效果。一方面来说，静物摄影以近距离拍摄为主，这样配合大光圈实现的小景深效果非常明显。此外，虚化的背景对于主体的形状、线条也有衬托作用。大光圈容易为静物摄影带来干净、优雅的效果。

当我们拍摄快速运动的物体，比如进行体育摄影时，大光圈同样受到重视，因为使用大光圈可以让我们拥有最快的快门速度，捕捉到快速运动的主体。关于光圈与快门的关系我们在后面还会详细谈到。

对于野生动物摄影，拍摄动物时我们往往要距离比较远才能保证不被对方察觉，因此经常要用到长焦镜头，这时手的抖动就会比较明显，为了足够高的快门速度而克服手的抖动，并保证在动物快速运动时也能拍出清晰的影像，大光圈也是必要的。当然大光圈配合长焦镜头的使用也能够带来小景深的效果，使动物看起来会更突出、更漂亮。

建筑摄影往往对成像质量有着苛刻的要求，要交出让自己或让客户满意的作品，还是尽量使用镜头的最佳光圈吧。

以"稳、准、狠"为目标的新闻摄影强调快速反应，尽管大景深同样非常重要，但"拍清楚"往往是第一位的，尤其在突发事件下，是否拥有一支大光圈镜头，能够用足够快的快门速度拍摄，往往会成为成功与否的决定因素。

人像摄影情况比较特殊，要根据拍摄目的进行细分。如果你要拍摄的是艺术化的人像摄影，希望得到背景虚化的小景深效果，那么显然要使用大光圈。如果你是在影室拍摄广告人像，那么最佳光圈的高分辨率影像将会是你的最爱。当然如果你是一位"行走天下"的报道摄影师，希望拍下人物的形象，更要在画面中清晰地保留其生活环境，拍下人物在这种生存环境下的真实生活状态，那么较小光圈配合广角镜头的空间感则会带来不错

即便是艺术人像，也有需要较小光圈来表现清晰的大景深的时候。所以使用什么样的光圈，
要根据拍摄的实际情况而定。 光圈f/5.6，快门1/125s，ISO100【R】

的效果。

　　其实无论是哪一种题材，都要根据具体的表现需要，选择相应的光圈和表现方法。因此我们需要做到充分了解各类光圈，能够在大脑中预想出各种光圈可能带来的效果。我们不太可能像布列松那样一辈子只用一个镜头，也不可能像F64小组那样只用一种光圈。但即便是他们，也是在了解了每一种镜头的特点后，坚定地走上自己的创作道路的。

　　我们已经聊了关于光圈的这么多事情，在关于光圈的实际使用操作上，还有一个重要的问题需要特别说明一下。

花絮：布列松与50mm的镜头

法国摄影师亨利·卡帝埃·布列松是历史上最重要的人文报道摄影师之一，也是闻名遐迩的法国"玛格南"图片社的创始人。当他与罗伯特·卡帕、大卫·西蒙、乔治·罗杰这些在摄影史上璀璨夺目的人物一起在巴黎一个小酒馆里举起酒杯庆祝玛格南的成立时，他手中的徕卡相机上只有一支50mm的标准镜头（徕卡相机在当时还不是名噪一时的奢侈品牌，不像现在，动不动就是爱马仕限量版什么的）。

自从小型的徕卡相机出现以后，布列松就爱上了它，此后他又与50mm之标准镜头的焦距结缘，他一辈子拍摄的照片中，80%以上都是用50mm的标准镜头拍摄的。它陪在大师身边的时间堪与其夫人媲美。标准镜头接近于人眼的视野，没有长焦镜头的压缩景深效果，也没有广角镜头对于透视的过分夸张，有的只是平白的表现，真实的记录。这对于以拍摄人们在平时的生活中的真实状态见长的布列松来说，是再适合不过的。

相形之下，很多摄影爱好者最大的梦想还是"将佳能或尼康的镜头配齐"。这种像收集"变形金刚"一样的态度往往会使他们在过于杂乱的焦距效果中迷失。对于一个摄影师来说，最重要的并不是你有多少支不同焦距的镜头，而是你是否找到了那个"属于自己"的焦距。正如感情，人生中最宝贵的不是你有多少个男朋友或女朋友，而最重要的是你是否找到了属于自己的那一个。

当然，不可避免地，很多影友还是镜头收集的爱好者。那么如何选择自己常用的镜头，镜头之间如何进行配合就是一个重要的问题了（关于焦距的选择与镜头的配置请见《一本摄影书》）。

光圈优先自动模式

现在已经可以将相机的拍摄模式从P挡挪开了。既然我们对光圈已经了解了这么多，那么这时就可以尝试使用光圈优先自动模式拍摄。这是一种"半自动"模式，我们可以任意调整镜头的光圈，而相机通过测量光线的强度，自动完成其他设置，以保证取得正确的曝光。"你调整光圈，我来完成剩下的"。体贴的自动设计成为很多刚刚步入专业摄影殿堂的摄影师爱不释手的法宝。

无论是在暗处拍摄，还是捕捉快速运动物体时，或需要特定景深范围时，乃至希望使用最佳光圈时，都可以利用光圈优先自动模式提供的便捷。

光圈优先自动模式的使用方法可能还有很多，手动操控性很强，而且基本不用担心其他问题，用起来非常方便。在这种诱惑下，有大量专业的摄影师甚至常年使用光圈优先自动模式拍摄，而并不像我们想象的那样在拍摄之前把所有手动设置调节一遍。看，有时我们和专业摄影师的差距似乎没有那么大。

摄影是无止境的，每一个人都在这个世界中追寻着自己感兴趣的东西。现在我们已经背上相机，和伟大的摄影师们一样，跨入这段属于摄影也属于自己的旅程了，并且还有了些许的收获。仅仅一项光圈，就已经让我们看到了这么多经典的镜头以及传奇的摄影师，也接触了这么多有趣的知识和技术。我们已经初步看到摄影这个魔幻世界流溢出的些许光彩，继续这一段"探索之旅"，将看到更加瑰丽绚烂的光影天地。

第4章 快门

1839 年，当法国达盖尔发明的摄影术被公布的时候，虽然他已经发明了全套的相机，但是却并没有发明快门这样东西。原因很简单，那个时代的相机实在是不需要快门这么个物件。而真正起到 "快门" 作用的设备，实际上只是一个镜头盖而已。

当时的曝光时间非常长，即便是北半球夏日的正午，也需要数分钟时间。摄影师打开镜头盖便开始曝光，然后只需看着手表的指针指到曝光指南上所写的时间（一般阳光很好的正午，是 7 分钟），再将镜头盖盖上，就好了。这就是当时的"快"门了。

一直到 1871 年，英国的一位医生马多克斯（Richard Leach Maddox）在《英国摄影杂志》发表文章时提出用明胶（gelatine）涂布在玻璃板上的干版摄影法，这种方法大大提升了感光能力，将快门速度提高到不到一秒，这时的相机才开始配备快门（具体内容，请参见摄影史相关书籍）。

下页图：正确选择快门速度，不仅是曝光的需要，对于准确地把握瞬间以及传达氛围都非常重要。 光圈 f/2.8，快门 1/320s，ISO100

当你下班时，挤上一辆满载着乘客的汽车，此时你身旁正好有一位刚放学的小女孩透过乘客们交错着的手臂抬眼认真地看着你，你一定会拿出随身带着的相机（这就显示出我们经常倡导的"除了洗澡都随身带着相机"的优越性）为她拍一张。这时，你要在最短的时间里调整好相机，以捕捉最真实的状态。此时，曝光可以设置为自动，不用操心，对焦也可以自动，不用顾虑，但此时仍有一项调整是必须做的。

这就是把快门速度调到最快。在这个时候为什么调整快门速度如此重要呢？

了解快门

高速快门可以凝固快速运动的主体，这时可以使用快门优先模式，将快门速度设置在1/250s或者1/500s。 光圈f/4，快门1/1000s，ISO6400

1. 捕捉运动瞬间的利器

作为摄影曝光"四扇门"上的准确时间，曝光时间的长短就是指快门速度。它的单位是秒，这也让它显得比光圈好理解一些，曝光多少秒，就是胶片被"曝晒"在光线下多少秒。因此准确地说，它不是一个"速度"概念，而是一个"时间概念"，只是我们习惯把时间极短的快门动作称为"快"，而把时间长一些的快门动作称为"慢"，于是就有了现在的快门速度的叫法。

当你在"街拍"的时候，迎面走来的人与你擦肩而过，也就是一两秒的时间。如果曝光只持续几秒，显然是没有办法将他（或她）拍下的，而如果快门速度是几百分之一秒，那么这个人在这一瞬间几乎相当于静止，而对方的动作、神态等一切细节也就清晰地记录在照片上了。

所以在拍摄运动物体，并且希望拍得比较清晰时，我们就需要比较高的快门速度。同时，像我们在一开始介绍的那种情况下，不仅被摄体会因为汽车的颠簸而晃动，我们自己也会受到汽车行驶的影响，手的抖动同样会让画面模糊。这时我们就必须把快门速度尽可能提高，才能保证拍摄出清晰的作品。

2. 快门速度的数值

虽然快门速度都会在取景框内被标注出来——就像60、125、250、500——它们事实上只是分数分母的数值，表示几分之一秒：1/60s、1/125s、1/250s、1/500s。相邻两挡之间的快门时间相差一倍，只是为了读起来方便，就取了近似的数值。快门时间相差一倍，曝光时间也就相差了一倍。因此，在其他条件相同的前提下，快门变快一挡，其拍摄效果会比原来暗一倍。

现在的数码相机快门速度的范围非常大，从30s到1/8000s，可以说正常的拍摄情形都可以覆盖了。每一挡快门之间基本都是2倍的关系，但你会发现还有很多介于其中的数字。比如，1/500s和1/250s之间还有1/400s、1/320s等。这些是为了方便使用设置的1/3挡的快门速度。

花絮

正如本章开篇所述，1839年达盖尔发明摄影术以后，快门这个东西其实在相机的结构里是不存在的。因为当时的感光材料感光能力都极弱，随便一张照片都要曝光几十分钟，当时想拍一张照片必须用特制的椅子把人固定在上面，不能随便动。经过一系列改进以后，大晴天的时候也只能到3~10s。当时的"测光表"是个小册子，告诉你在什么季节、什么天气、什么时间拍照大致需要多长时间。

下对页图：在拍摄流水、海浪、流沙之类的场景时，把相机光圈调小，使用时间略长的快门，可以得到具有"时间流逝"感觉的照片。 光圈f/4.5，快门1/1000s，ISO200

3.B挡快门与T挡快门

现代相机的快门速度一般在几百分之一秒到几秒之间。但30s并不是快门速度的极限，我们可以通过手动控制来延长快门的时间。可以把相机的快门设置在"B"挡快门上。这样只要按下快门键一直不放，快门就会一直打开。可以看着表自己控制时间。

在最慢的快门挡位以外，大多数单反相机提供了B挡快门的选择。在B挡，只要按下快门，相机的快门就保持打开的状态，直到你的手松开。需要注意的是要使用B门拍摄，三脚架是必不可少的，它能较好地保证相机的稳定性。

当然如果要进行几秒的曝光，B挡快门是比较方便的，而如果要曝光30分钟怎么办？这种情况不是不可能，我们会在后面进行介绍。这时就需要另一种快门——T挡快门。T挡快门使用起来更方便，只要按下快门按钮，相机快门释放，手可以抬开，当你希望快门关闭的时候，再次按下快门按钮就可以了。但是两次按动快门按钮会对相机带来一定程度的震动，影响画面的清晰度。此外，现代的自动相机多是通过电磁作用来控制快门的开合的，因此长期打开快门意味着要长期通电保持磁力。这样会大量耗费电池的电量，因此自动相机上很少设置T挡快门，只有在一些传统的手动相机上，如尼康最经典的手动相机F3等，才能找到这个设置。

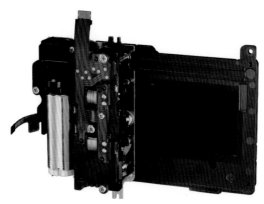

佳能 5D MARKIII 快门模块

4. 快门结构——镜间快门与焦平快门

相机的快门结构主要分为两种，一种叫镜间快门，一种叫焦点平面快门（简称焦平快门），两种快门应用于不同的相机，特点也不一样。

我们使用的135mm胶片相机和数码相机一般使用的都是焦平快门。这种快门安装在胶片或数码感光元件之前，采用帘幕式的结构，也就是说，像帘子一样将感光元件遮挡起来，在曝光时帘幕打开，感光元件曝光，曝光结束快门关闭，曝光完成。

这种快门的优势是，快门速度可以设置得很高，快门速度可用范围比较大。佳能公司在2001年推向市场的EOS-1D，首次推出了高达1/16000s的超高速快门，使快门速度范围扩

下页图：户外小景深的花卉摄影，非常有可能因为风，让焦点跑来跑去，想用高速快门捕捉下清晰的花，需要有帘幕快门的单反相机。当然，在这样暗弱的夕阳光线下，还需要一支大光圈镜头。
光圈f/5.6，快门1/100s，ISO100

大到从1/16000s至30s，之间跨越了20级，为摄影师提供了更多选择，也让高亮度下的曝光，例如白天拍摄有太阳的画面成为可能。

这种快门一般有两帘，曝光前，一帘收起，另一帘展开，将感光元件挡住。曝光时，展开的帘（一般称为前帘）收起，感光元件见光，曝光开始，曝光完成后，原收起的帘（一般称为后帘）展开，挡住感光元件，曝光结束。

这种前后帘配合的快门结构，在高速快门下有一个特点，就是前帘没有完全收起时，后帘就已经开始展开。这就是，一条光带扫描过底片，完成"高速快门"的曝光过程。一般情况下，这种通过扫描完成的曝光时间极短（一般是1/500s或更快），画质不会有影响。但是如果在拍摄高速运动的物体时，例如拍摄向画面右边开去的汽车，如果帘幕也向右扫描，很可能当光线扫描曝光开始时，汽车位于画面左侧，当扫描结束时，汽车已经位于画面的右侧，这就会让汽车看起来变长了。

扫描同样对高速快门闪光造成了影响。如果画面是以这种"扫描"方式完成的，那么显然，当只有几千分之一秒的闪光亮起的时候，只有快门"扫过"的部分会被照亮。这就是为什么有时候我们用闪光灯会拍出画面中只有"一条"被打亮的效果。

因此，很多单反相机都标有快门同步速度，也就是快门不采用"扫描式"曝光法的最高速度，只要使用这一挡及比它更慢的快门速度，变形和"一条"闪光的现象就不会出现。

镜间快门的设计与焦平快门完全不同。首先，它的位置是在镜头上，而不是机身上。一般来说镜间快门被安装在镜头的镜片之间，由若干块叶片组成，形状酷似光圈，只是平时是完全封闭的。当然，也有的镜头干脆把光圈和镜间快门设置在了一起，快门打开时，直接打开到预设光圈的大小程度。镜间快门平时要保持关闭，这显然不能用于靠镜头取景的单反相机。而广泛采用这种镜头的是旁轴相机（如徕卡等品牌的旁轴相机），这种相机机身上有一个小窗口来取景，拍摄照片时才使用镜头进行成像。

这种快门结构就不用担心"闪光同步速度"和变形的问题，这是因为这种光圈即便只打开一个小口，也会让整幅画面同时曝光。

这种快门结构的另一大优势就是快门声音极小。这一点受到了无数人文报道摄影师的青睐。

花絮

有一个新闻摄影师曾经讲过这样一个拍摄故事：他到一个军事禁区前希望拍照，但是面前有一个站岗的士兵，他举起旁轴相机做出拍照的动作，眼睛看着士兵，询问"我可以照相吗？"士兵坚决地摇头。随后他转头就走了，这个士兵并不知道就在他被询问是否可以拍照的时候，摄影师实际上已经按动了快门，拍摄下了照片，只是因为旁轴相机的快门声音极小，士兵根本没有听到。而通常使用没有反光板的镜间快门相机的快门声音会比旁轴相机的快门声音更小，典型的例子是柯尼卡公司的巧思（HEXAR）和禄来公司的双反相机。

但是，受结构和技术条件限制，镜间快门很难制作出速度很高的快门。一般来说镜间快门的最高速度都是1/1000～1/500s左右，与焦平快门常见的1/8000s相差甚远。

所以要使用什么样的快门，还需要根据拍摄的题材和具体要求来选择。

5. 快门优先自动模式

直到现在，我们还是在讨论光圈在创作中所扮演的决定性角色。现在一切都要改变了，因为快门速度将要站在舞台的中心了。

快门优先显然是与光圈优先相对的自动拍摄模式。拍摄时要先设置好快门速度，在感光度确定的情况下，相机会根据设置的快门速度改变光圈，来得到准确的曝光。但是这样拍摄的问题是，光圈可调的范围通常比较小。例如最大光圈f/2.8的镜头，从f/2.8到f/22只有六七挡可选，不像快门速度通常有十余个挡位。因此我们可能经常会遇到光圈已到最大或最小时，无法按照所设定的快门速度完成测定的曝光的情况。

这两种情况必须选择快门优先自动模式：一是当场景提供了动态信息或者运动的机会；二是在光线不足的情况下拍摄且没有三脚架。这个世界充满了故事且富有动感，为了能捕捉到动态的照片，应当首先选择正确的快门速度，然后再调节光圈。

选择快门速度绝对是门学问，比如这张照片，要定格人的动作，快门速度就要达到1/2000s以上。
光圈f/5.6，快门1/1000s，ISO1600【R】

如何选择快门速度

如何选择快门速度？显然这要取决于物体运动的"快慢"。

1. 判断"速度"

环顾周围，运动的物体都在以不同的速度执着地前进：飞机的速度大约是900km/h，约相当于250m/s。汽车的正常速度是50km/h左右，约相当于14m/s；我们的行走速度约为 1m/s；

拍摄高速运动场景时，可以从1/500s开始，有时候还要适当提升ISO值。
光圈f/2.8，快门1/3200s，ISO100

昆虫的飞行速度约为2m/s；但在我们看来，似乎远处的飞机在天空中缓慢地"漂浮"，倒是近处的昆虫一晃而过，看起来速度特别快。

因此在拍摄时，衡量物体运动"速度"要看它在取景器中运动的"角速度"，单位时间内物体移动的角度越大，要捕捉下它的清晰影像就需要比较高的快门速度。同样，如果物体单位时间移动的角度小，则可以把快门变慢。

2. 运动方向

就算一个物体的运动速度是固定的，我们的快门速度也没有办法固定下来。想象一下，一个人以非常快的速度向着你跑过来，和他以同样的速度在你眼前划过，哪个对你来说速度更快？显然是在你眼前划过的人，因为你需要摇头才能跟上他的运动速度，而前者则甚至不需要转动眼球。因此，运动的方向与所需要的快门速度也有着直接的关系，运动方向越与你的朝向垂直，则越需要高速的快门。

3. 镜头焦距

当然，不同焦距的镜头视角不同，物体在取景器中的运动速度也会随之产生差别。同一架飞机，在1000mm镜头和10mm镜头中，看起来显然速度不同。在1000mm镜头的画面中，飞机显得大一些，因此速度也显得快很多，要想把它拍清楚，就需要更高的快门速度。

我们要对物体在视野里运动的角速度与将其拍摄清楚所需的快门速度非常熟悉，才能保证减少失误，这需要长期的拍摄经验积累。

在这里，可以给大家几个参考。一般来说，如果用标准镜头拍摄横向走动的人的全景，大致需要1/100s以上的快门速度。同样用标准镜头拍摄高速运动的汽车，则需要1/1000s左右的快门速度来捕捉清晰的照片，而至于要让喷泉呈现出晶莹剔透的水珠，快门速度就要调到1/3000s甚至更快。关于其他运动物体所需的快门速度，可以通过对比来进行估计。

凝固瞬间——高速快门的作用

1. 瞬间之美

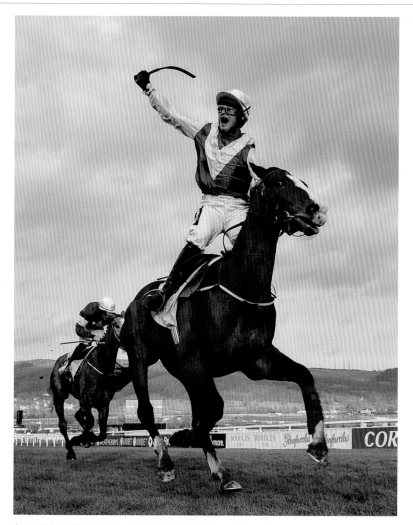

腾跃、滞空的瞬间完美定格，快门就是用来提炼瞬间之美的。　光圈f/6.3，快门1/1600s，ISO2000

我们已经清晰地分析了快门速度的基本原理和使用方式，如果你已经尝试过使用高速快门拍摄，就能够感受到，高速快门那将任何一个转瞬即逝的细节"凝结"下来的力量，这是快门法宝的第一个"魔力"。相机技术的进步不断赋予我们更快的快门速度，运用它们可以凝固下动人的瞬间。我们可以让一个人在空中静止，也可以让淋浴喷头下的水流变成一串串形状各异的水珠，可以让砖块漂浮在废墟的烟雾中，也可以让开心的笑颜永驻。

此外，在纪实、报道杂志中，我们可以看到一张张充满情感的面孔。《买酒归来》（Henri·cartit·Bresson，亨利·卡蒂埃·布勒松拍摄）中孩子的得意，《迁移的母亲》（Dorothea Lange，多萝西娅·兰格拍摄）中的忧伤，《阿富汗少女》（Steve McCurry，史蒂夫·麦凯瑞拍摄）中的恐惧、紧张，这些面孔中复杂细腻的情感，都因为高速快门而凝固下来。

然而由于光线不足，或者需要比较大的景深的时候，可能无法达到很高的快门速度，这时就需要判断：使用这一快门速度是否能够将被摄体清晰地拍下来。例如快门速度最高被限制在1/10s，这时如果要拍摄《迁移的母亲》中那样平静忧郁的神情，只要你的手足够稳，应该是可以保证人物的清晰度的。但如果要拍摄的是一个向你迎面走来的抱着两瓶葡萄酒的小男孩的话，这个快门速度就不够快了，人物将因运动而虚化。唯一的办法就是调大光圈，牺牲景深，或者调高感光度，牺牲影像质量。

运用高速快门，摄影师把他们用眼睛从现实世界中发现的一个个感人瞬间凝固下来，这转瞬即逝的高潮在作品中成了永恒。它们是世界上最美的精华，串起了文明的历史，成了人类璀璨的记忆。

花絮：瞬间的误解

但是，这种瞬间的截取也往往会带来"断章取义"的效果，带来不可忽视的误导，这种误导可能引起严重的后果。1994年4月，南非自由摄影师凯文·卡特（Kevin Carter）的一幅作品，获得了美国新闻界最高奖"普利策新闻奖""特写性新闻摄影"。照片上的景象是一年前他在苏丹采访时偶然看到的一幕：一个瘦得皮包骨头的苏丹小女孩趴倒在前往食物救济中心的路上，再也走不动了，而她身后不远处，蹲着一只硕大的秃鹰，正盯着她。这幅作品在《纽约时报》刊登出来后，报社的电话就未曾停歇。读者们不仅询问小女孩后来的命运，也质问摄影师为什么不去救下这个小女孩。就连凯文·卡特的朋友也指责说，他当时应当放下摄影机去帮助小女孩。

他一直在尝试向公众解释后来的情况：他在抢拍完之后，把秃鹰轰走，过了一段时间，他看到，那个小女孩用尽所有力气爬起来，重新艰难地挪到了救济中心。然后，他在一棵树旁坐了下来，点了一支烟，泪流满面。他曾对人说："当我把镜头对准这一切时，我心里在说'上帝啊！'，可我必须先工作。如果我不能照常工作的话，我就不该来这里。"

颁奖仪式结束3个月后，即1994年7月27日夜里，警察在南非东北部城市约翰内斯堡的一辆汽车里发现了凯文·卡特，他把汽车尾气用导管引入密封的汽车里自杀身亡。

在他身旁的座椅上，警察发现这样一张字条："真的，真的对不起大家，生活的痛苦远远超过了欢乐的程度。"

光线强度不高的时候，可以通过使用广角镜头来提高手持拍摄的相对稳定性。
光圈f/2.8，快门1s，ISO400【R】

2. 手持拍摄的极限快门速度

在光线暗弱的环境下拍摄时，足够高的快门速度就显得非常重要了。光线暗，如果以游泳池问题来解释的话，相当于水压突然变小，水流只能缓缓从排水管流入游泳池，尽管排水管粗细不变，但是单位时间流过的水少了，我们就需要延长注水时间，来让游泳池注满。因此，这时我们就需要延长快门时间。但是，正如开篇所提到的，我们手的稳定性是有限的，过慢的快门速度可能导致画面由于拍摄时手部的抖动而变模糊。同样的问题也出现在乘坐颠簸的交通工具时的拍摄中，这种情形我们在开篇也提到了。

那么快门速度为多少时，手抖不会影响画面质量呢？判断方法很简单，只要快门速度慢于镜头焦距的倒数，手的抖动就可能影响拍摄效果。例如使用50mm的镜头拍摄，如果快门速度慢于1/50s，比如1/30s时，你就可能拍出模糊的画面。

此外，还有一个因素会影响这个数值，就是相机的重量。过重的相机，手持起来会比较吃力。不要说超过5kg的大画幅相机，即便是3kg多的富士680、玛米亚RZ 67，要想持稳也不容易，虽然拿它们比起扛一袋大米来说差得远，但你尝试把它端在面前，还要保持几分之一秒纹丝不动，就是一个真正的力气活了。当然还有135单反相机400mm以上的黑白长炮，重量超过5kg，体积超大，使用这种相机或镜头时，手持拍摄的极限快门速度都要再升高。

当然，好的摄影师经过训练可以具有超过常人的手持稳定性，专业摄影记者中也不乏经过长期训练，可以端起500mm长炮就拍的"冲锋队员"（我国的著名野生动物摄影师溪志农先生就是习惯于"手持500mm长炮拍摄"的摄影师，详情请参阅《EOS王朝》采访部分）。但这往往是为在特殊情况下拍摄做的准备。在条件允许时，即便是最专业的摄影师，也会谨慎地考虑采用更有稳定性的拍摄方式。

花絮：三脚架

三脚架是稳定相机的重要工具。市场上三脚架的种类、品牌繁多，我们应当如何选择呢？考量三脚架的质量，有几个重要的因素。首先是稳定性。检验一款三脚架是否稳定，可以把它放在地上，用手微微摇动云台，看三条支脚是否能够保持平直、稳定就可以了。第二是载重量。正规厂家生产的三脚架都标有核定载重量，超过这个重量的相机最好不要使用在其上。第三则是便携性。往往三脚架的载重能力越强，体积和重量就会越大，这为外出携带带来了很大的不便。碳纤维材料的三脚架在这方面非常有优势，稳定性好，又非常轻。同样载重量的碳纤维三脚架，其重量可能只是普通三脚架的一半。但是使用这种三脚架时要注意，碳纤维耐横向切力的能力较差，携带过程中尽量避免把过重的东西压在它上面，以免把它压断。

当然如果你没有足够的空间携带笨重的三脚架，也可以携带一根独脚架。尽管它不能像三脚架那样把相机稳稳地支在地上，但是它却可以给你提供一定程度的支撑，能够让拍摄的稳定性得到一定程度的加强。而它小巧的外形、更轻的重量使它便于携带、方便使用。这对于很多摄影师来说是非常重要的。就连很多体育摄影师，也在自己的"长枪短炮"上装根独脚架进行拍摄。

3. 体育摄影

摄影各领域中最常与运动速度打交道的当属体育摄影师了。运动员瞬间的动作：冲刺、跳跃、旋转、射门这些瞬间我们肉眼都很难看清，但是可以被高速快门定格下来，供我们欣赏。但是，要想拍下最好的效果，体育摄影师需要能够准确地判断各种情况下所应使用的快门速度，这就需要他们不仅要了解相机，也要了解自己所拍摄的这项运动，甚至画面中的某一个运动员的特点。

不同项目

首先短跑运动员与竞走运动员的运动速度显然不同，捕捉短跑运动员的快速运动可能需要更高的快门速度。很多体育摄影师由于拍摄项目不同，习惯使用的快门速度也不同。篮球摄影师也许还能接受1/500s的快门速度，足球摄影师往往就只能使用1/2000s以上的快门速度来捕捉快速的射门镜头了。

长焦镜头夸张速度

其次，如果你开始用35mm的镜头拍摄全景，现在要换成400mm的镜头拍摄人物的特写，原来设定的快门速度可能就不足以拍摄出清晰的动作了，因为长焦距镜头的视角更窄，人物运动的"角速度"相对来说更快。

横向运动与纵向运动的不同

即便你拍摄的是同一项运动，但是在不同的角度拍摄时，也要使用不同的快门速度。主要需要考虑的问题是运动员是朝向你运动，还是横向从你面前经过。同样拍摄短跑，如

不同项目的体育摄影师往往要使用不同的快门速度设置。
光圈f/3.2，快门1/2000s，ISO1600

果你在跑道的侧面拍摄，大致需要1/1000s的快门速度，但是如果你在跑道的尽头迎着他拍摄，可以放慢两挡左右，使用1/250s的速度也能够拍摄下清晰的照片。

当然，我们可以把光圈调到最大，保证使用最高的快门速度（就相当于用最粗的排水管给游泳池注水能让游泳池最快注满）。但是这往往会带来一些限制。首先大景深会让主体过于孤立，尽管你能够保证运动员有足够清晰、精彩的动作，但是就无法保存下一些有趣的关系。比如你发现在人物旁边的背景上有漂亮的奥运五环，或者一个足球运动员正在带球奔跑，而他身后的对手正虎视眈眈地盯着他准备铲球时，你会怎样选择呢？

光圈f/4，快门 1/2000s，ISO1600【R】

慢门下的美妙世界

虽然"快门"以"快"为名，但是不见得"快"的快门速度就是最好的。慢速快门如果运用得当，同样可以带来优秀的作品。

如果说高速快门能够让快速运动的瞬间凝固，那么慢速快门的特长就是展现运动的过程。

1. 下雨天

你可能会遇到这种情况，在拍摄雨景时，如果使用高速快门，以保证人物的动作清晰地记录下来，往往画面中的雨看起来就不如真实的那么大，甚至可能看不到雨滴。为什么会这样？仔细想来就会明白，如果使用很高的快门速度，那么雨滴就会在画面中静止，而这样小的一滴雨在画面场景中几乎难以分辨，这就难怪雨景拍出来没有看起来那么有魅力。

解决方法正是放慢快门速度。当快门速度适当变慢时，比如到1/15s，雨滴在这1/15s中的运动轨迹都会记录在画面中，形成一条细线，相比小小的水滴来说，这样一条线就明显得多。当然，也不是说这条线越长越好，慢于1/2s的快门速度很难保证画面中其他的景物不会因为运动而模糊，同时太多细密的线条集中起来也会对画面视觉效果造成影响。

当然，我们之前说过长焦镜头可以夸张速度感，所以使用长焦镜头同样可以让雨成为丝线，长焦镜头的压缩透视效果也会让雨滴清晰可见。

拍摄下雪的方法基本相同，但是有一些细微的不同。首先雪花较雨滴要大一些，所以在画面中会更加明显。其次，雪花飘落的速度要比雨速慢一些，所以在拍摄雪景时，我们更容易拍摄出接近雪花原始形状的场景，如同漫天飘着鹅毛。当然如果你希望得到比较长的雪花飘落线条，形成"暴风雪"的效果，也需要让快门速度再放慢一些，到1/8s左右。

慢速快门记录下的是运动的过程，它与能够凝固瞬间的高速快门走向了两个极端，但同样都表现着运动的精彩。

还以拍摄人物为例，我们使用1/1000s的快门速度，可以得到人物瞬间的精彩表情和动作。但如果说我们用1s的慢速快门可以带来同样震撼的效果，你是否相信呢？

下页图：只要画面中出现雨滴，或者雨丝，哪怕是人工模拟的效果，图片气氛就会立刻显得不一样。想突出雨丝，可以使用长焦镜头，并放慢快门速度。　光圈f/2.8，快门1/500s，ISO100【R】

2. 人物

背上你的三脚架，在上班高峰时间来到地铁站，站在最繁忙的楼梯口高高地架起相机，调整到快门优先拍摄模式，然后将快门速度设置为1s，最后按下快门。你可以看到这样的效果：一个个急于上班的人的身影化作一条条运动的线条，无数个人汇聚起来形成了湍急的人潮，高低起伏地向前"涌动"。画面中只有静静的墙壁、台阶、灯保持清晰。尽管画面中的人已经因运动而变得模糊不清，但人们运动的过程、方向却更加突出地表现出来。慢速快门把运动抽象化了。运动的主体——人长什么样子、穿什么衣服、是什么表情已经不重要了，重要的是运动的过程，或者说运动本身。

放慢快门速度，街上的人群就可以产生"川流不息"的感觉。快门速度的具体数值要视人的
运动速度而定。一般来说，在1/8s到1/2s为宜。　光圈f/11，快门30s，ISO100【R】

3. 水

在中国人心里，水是有灵气的，一片土地有了水就有了生气。拍摄风景照片时，也是这样。自然风景往往都是相对静止、固定的。如果画面中存在某种形式的水：海洋、河流、湖水、池塘，甚至路面的积水，无论多少都会让画面有了生机。这可能是因为水的形态多变和运动不息。

但我们会发现，正是因为水的多变，拍摄有水的场景，似乎不那么容易。水静的时候，难以把握水中的倒影与原景物之间的亮度差距。而当水流淌跃动起来，就更难拍摄了。

使用常规的方式拍摄水，无论怎么拍，看起来似乎都不太令人满意，晶莹剔透的水流在照片中显得似乎"乱糟糟"的，不是那么好看。

运动的水流可以给固定的风景带来"灵气"，想要如同丝绸一般的水流，快门速度可以试试1/2s到15s。
光圈f/22，快门0.8s，ISO50

这是因为在常规的快门速度下，水面上的反光点、溅起的水珠的运动路线，会在画面中形成一条条细线，杂乱的细线堆在一起，自然会让小溪变得像草地一样。

要把水拍好，也很简单，只要使用两极的快门速度，画面效果就会马上变得与众不同。

使用高速快门拍摄的效果，我们可以容易想象出来：小溪里的水会像瞬间凝结成了冰一样，如琉璃一般透彻、玉一般温润。溅起的水珠也会变成晶莹剔透的艺术作品。高速快门拍摄的冲向岩石的海浪，白色的泡沫会变成一个个白衣少女，手拉手围着岩石翩翩起舞。而在体育摄影中，拍摄游泳运动员打水时，高速快门会让激起的水花像翅膀一样在运动员身体两侧展开，得到漂亮的视觉效果。

高速快门的拍摄效果用肉眼难以捕捉下来，慢速快门带来的美妙景象则同样难以看见。在拍摄流水、小溪、瀑布这种流动性强，又不像江河湖海那样壮阔的景物时，我们可以尝试使用慢速快门。还记得慢门的拍摄方法吗？我们在介绍拍摄地铁人潮时使用过：架好三脚架，支起相机取好景，调整到快门优先自动模式，唯一的不同是，这次我们要使用一个更慢的快门速度——8s。

静静的绿树、草地上的小花，与使用1/8s快门速度拍摄的画面没有区别，一动不动地静止着，而按下快门那一刻画面中的溪水在拍摄结束时想必已经在数十米以外了。因此，基本上水中的每一个高光点、每一条水流都在画面中从头至尾留下了一个完整的洁白的线条，这些细长的丝线编织起来，形成了一条洁白的长绢，飘落在水渠内。整个小溪变成了一条魔幻般的丝带，效果非常迷人。

4. 都市

用慢速快门，掌握好时间，可以让任何有规律运动的物体都"流动"起来。傍晚时分，太阳已经落山，但还在宝石般蓝色的天空中留下一抹残霞，城市华灯初上。而这时又恰逢下班的高峰时段，道路上车水马龙。在这些灯光下，城市初化彩妆，是最美的时刻。

这时，可以背上你的相机和三脚架（必不可少）出发了，选择城市中一个繁华的路段，最好是车比较多，但又不至于堵得水泄不通的地方，如果有错综复杂的立交桥更好，然后在周围找一座高楼，爬上去，选择一个风景最好的窗子，架好你的相机，使用快门优先模式，设定一个较慢的快门速度——30s（如果光圈不够小，可以考虑把感光度调低，如果感光度已经最低，无论如何都要尽可能让快门速度慢下来）。按下快门，"咔"，静静地等待，这期间千万不要碰相机，直到"嚓"的一声快门合上，当照片呈现在你面前时（无论是数码相机立即显现，还是胶卷冲洗出来以后），你会发现惊人的一幕：路的一边，汽车金黄色车灯的运动轨迹会在道路上形成一条条明亮的光带，另一边则是由尾灯形成的红色光带，无数条光带联结起来形成两条泾渭分明的"光河"，城市的魅力得到了最好的展现。

5. 星空

自然界的一切都在运动不息，只是很多运动我们觉察不到。尽管你正在静静地坐在房间里面看书，但你正随着地球自转，并以约29.7km/s的速度绕着太阳公转——比游乐园的旋转茶杯速度快多了。

夜晚，当我们毫无察觉地坐在这飞速旋转的星球表面的某块草地上，看着满天的繁星，它们就像是永恒的，其实它们也正在慢慢地在你视野中移动——同样由于地球的自转。

我们的肉眼显然分辨不出这么多星星的缓慢运动，想看到它们是怎样运动的吗？还是要靠相机。在天气晴朗的时候，带上你的相机出发吧。还记得我们之前提到的T挡快门吗？这一次你需要带上一台有T挡快门的手动相机，原因你后面就会知道了。可以去郊外选择一个灯光比较少，能看到最多的星星的地方，支好你的三脚架，调整相机对准北极星的位置，如果还不知道北极星是哪一颗，可以翻阅一下星图，你会在北斗七星的"勺尖"处的两颗星连线的延长线上找到它。最好让北极星位于画面中间，然后在下面留出一些地面，如果还能有一些轮廓线条好看的山体、建筑就更好了。接下来把光圈调到f/22或f/32，把快门设置在T挡上。一切准备就绪了，现在按下快门吧，然后你就可以爬进帐篷去睡了。相机？可以暂时不要管它了，只要你确定周围没有什么东西会影响到它。睡前定一个闹钟，确保能在4小时以后叫醒你，那时你再按一下快门，这张照片就拍摄完成了，这可能是你拍的最漫长的一张作品了吧。

相信拍摄的效果一定不会辜负这样长的拍摄过程，无数颗星星的运动轨迹会围绕北极星形成一个旋转的"漩涡"，如果能与地上的建筑形成对比，这个巨大的漩涡会显得更加

下对页图：星空摄影有时流行星轨效果，有时又流行不拉丝的星空效果。你都可以试试。
光圈f/2.8，快门30s，ISO3200

壮观。这是因为，由于地球的自转，星星看起来都在东升西落地旋转，而由于地球的地轴指向北极星，所以北极星看起来是不动的，于是所有的星星在地球上看起来便好像是在围绕北极星旋转，它们的运动轨迹叠加起来，就形成了照片上面的巨大的漩涡。

数码时代到来之后，很多在胶片时代"想当然"的事情无法实现了。比如拍摄星际的漩涡，对于手动时代的胶片相机来说，最多就是把快门线一锁，睡觉去就是了。可这对于长时间曝光会过热的CMOS来说，使用寿命就会大大降低。不仅如此，长时间曝光也会加大噪点产生的概率。

因此，如果你想用数码相机拍摄星迹的效果，最好以30s曝光拍一张，多拍摄几张照片（记得要开启反光镜预升设置），然后在后期软件中将它们合成为一张照片。

6. 加快速度

通过以上几个例子，我们可以发现，所有轨迹照片都会有一种速度感，当一个物体把它运动的轨迹也留在画面上时，我们觉得这个物体是"一闪而过的"，所以无论你拍摄的是高速运动的汽车和瀑布、运动速度正常的人，还是对我们来说"几乎不动"的星星，只要其运动轨迹出现在画面上，看起来就是在飞速地运动着。可能是因为这种模糊的视觉感受与我们面对快速运动的物体时无法将其分辨清楚的视觉感受是一样的。

这样一来，利用快门速度的这个"魔力"，我们可以把任何物体的速度都变得"很快"。

快门速度的高级应用

灵活运用快门，我们就可以自由"控制"物体的运动"速度"了（当然，是看起来的速度）。

如果我们想让一个物体看起来运动速度很快，就使用"加速法"，将快门速度放慢，让这个物体变得模糊，记录下它的运动轨迹，即便是星星，看起来也是在飞一般地旋转。同样，如果想让物体的运动速度"变慢"，那么调高快门速度，使用"凝固法"，即便是子弹，也逃不过你的眼睛。

当然，要灵活运用这两大魔力，需要我们对物体的运动速度和相关拍摄条件非常了解，什么样的快门速度可以带来怎样的效果，都要通过不断的练习才能掌握。

1. 速度的对比

其实快门速度的两大魔力不仅可以单独使用，我们还可以开动脑筋，将两大魔力组合起来，形成更有趣的效果。

如果我们单纯用最高速度快门的"凝固"作用拍摄一个画面，画面中的一切物体，无论是动的还是静的、是动得快的还是动得慢的，都会被清晰凝固下来，组成一个静止的瞬间。

如果准确使用快门速度，则可以实现不同的效果。想象一下，同样是地铁站的人潮涌动的场景，如果正好画面中有一个无助的旅人正在静静查看墙上的地图，此时再用1s的快门速度将这个场景拍摄下来，会是怎样的效果？

人潮的运动速度相对于1s的快门速度来说是"非常快的"，因此会变成运动的"潮水"，但是"潮水"会绕过这个静静地看着地图的人物，因为他在这1s的过程中几乎保持不动，因此会清晰地呈现出来。一动一静，两种完全不同的视觉效果形成了非常强烈的反差。这种以快门速度为分隔线的运动速度的对比让画面中的信息更加丰富，形式感也更强，这是单纯的高速快门无法呈现的。

　　同样，如果你在拍摄溪水的照片时，恰巧小溪的石头上有一片被溪水打湿的静静的落叶；拍摄车水马龙的繁华都市的时候，道路两侧如果挤满耸立的大厦；拍摄星空"漩涡"时，如果地平线上有一个天文观象台清晰的轮廓，这些对比效果会非常有趣。

　　可见，如果能够将快门的作用掌握好，不仅可以自由控制运动的"视觉速度"，还可以表现物体运动速度的对比。当然，让画面中所有事物都静止，或者让所有运动事物都"变快"，都不难实现。但是，要让画面中某些事物动起来，某些事物静下来，则不太容易控制，你要准确掌握快门速度，恰巧在两种事物运动速度的细微差别中找到你所需要的快门数值。

　　这就像一个庞大乐队的指挥一样，他要熟谙每一种乐器的特点，然后整体把握乐曲的表现。同样，作为一名摄影师，要拍下好的作品，也要清楚地知道画面中每一种事物的运动速度，准确地设定快门速度，才能达到预想的效果。

追拍最善于在画面中体现出动静结合，不过，你要尝试很多次来提高成功率。
光圈f/11，快门1/15s，ISO400

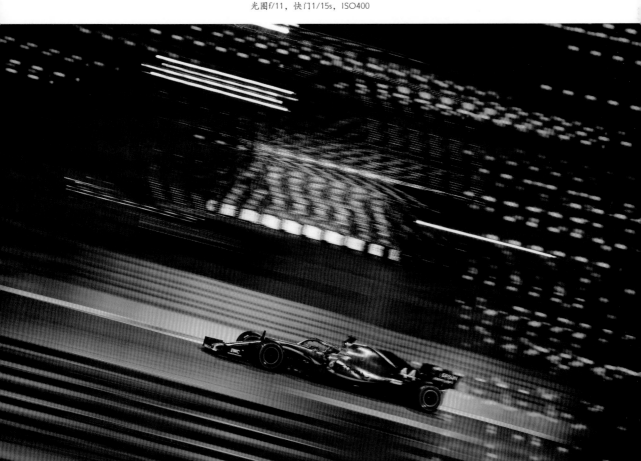

当你逐渐掌握了快门速度的"法宝"后，会发现动静结合与对比给我们带来了更大的创作空间，可以用它拍出很精彩的作品。接下来介绍两种有趣的拍摄方法，权且当作抛砖引玉，相信大家可以找到更多、更好的创意。

2. 追随拍摄法

如果你是一名摄影记者，领导派你去拍摄短跑健将博尔特的比赛照片，你会选择怎样的拍摄方式呢？如果用高速快门，博尔特的动作瞬间自然可以表现出来，但是速度感就不明显了；而如果使用慢速快门来展现速度，那他会变成模糊的影像，大家很难知道"这是谁"。

这时需要用另外一种方法。我们知道，运动是相对的，主体模糊背景清晰的对比，让我们觉得主体相对于背景运动很快，如果要保留这种相对的速度感，又要看清主体，要怎么解决？只要交换一下，让主体保持清晰，而背景运动起来，变得模糊（当然，这种模糊与小景深的效果不同，因为运动形成的模糊是有轨迹的。也就是说，会沿着运动的方向形成一条条线，而小景深的模糊方式是形成一个个光斑）。这样大家会觉得背景在迅速地后退，因此主体运动很快。而且这种拍摄方式会让观看的人认为，自己好像正在和主体平行运动，因此身临其境的感觉会更强烈。

在这种情况下，把相机在三脚架上架好，然后用快门线按下快门的方式显然不奏效了。要让运动的物体不动而静止的景物运动起来的唯一办法，就是和主体一起运动，保持主体在画面中的位置不变。

也就是说，在拍摄博尔特从你面前跑过时，在快门开启的时间里，你要跟随着他转动相机，以保证他一直在画面中同样的位置，就像现代战斗机玻璃上的指示框能够锁定目标并且跟踪它一样。当然，这样不仅会让主体变得清晰，还会让背景呈现令人满意的"拉线"效果。但是可以想象，要用手做到电子设备般的精确效果，这并不是一件容易的事。如果使用135mm单反相机拍摄，快门打开时，用于取景的反光镜要抬起，因此在按下快门时，你是看不到影像的。而如果你使用的是液晶屏实时取景的小型数码相机，在拍摄时CCD/CMOS要进行曝光，也无法同时完成取景工作。所以，在使用上述方法拍摄时，在最关键的拍摄时刻全凭"感觉"。

因此要做好三件事。第一，确定主体运动时是沿着同一方向匀速运动的。如果博尔特跑步时，身体有较大幅度的上下颠簸，或者有突然的停顿，都无法保证他的清晰度。第二，认真权衡使用怎样的快门速度，因为主体运动越快，越难保证其追随拍摄的清晰度。一般来说，要拍清楚快速奔跑的人物，又要背景足够模糊，使用中等焦距拍摄时，需要1/8s左右的快门速度。如果使用更长的焦距，快门速度可以适当加快。第三，就是要寻找合适的跟随过程。显然如果准备在按下快门后再追随主体来转动相机是不可能的，因为那时根本看不见它。因此需要提前瞄准它，将其锁定，一直跟随它转动相机，然后在距离合适时，按动快门，此时你的眼前会漆黑一片，不要害怕，保持跟随的速度，就像你能穿透相机的金属密封外壳看到奔跑的主体一样。当再次出现的影像和你脑海里的影像重合在一起的时候，你就知道，自己已经成功地拍到一张追随法作品了。当然，一直屏住呼吸跟随主体也不见得会得到最好的效果，很有可能到你想按下快门时，手已经因为缺氧而开始抖动

尽量保证主体在取景器中的位置不变，在跟随主体转动镜头的同时，按下快门，就能够获得主体清晰、背景虚化的效果，强化运动感。 光圈f/4，快门1/30s，ISO50

了。正确的方法是，当距离主体还比较远的时候，先稳住呼吸，初步跟上他的速度，然后逐渐进入同步状态，当主体距离合适时，同步状态基本调整至最好，微微屏住呼吸，按下快门。这样拍摄会更加顺畅，精确度更高，当然这个过程是在很短的时间里完成的，要掌握好这一技巧，需要多加练习，寻找感觉。

3. 爆炸效果

如果你觉得快门速度的表现力到这里就到尽头了，那可就大错特错了，它还可以配合其他因素一起进行创作。拍摄运动时不见得一定要有运动的被摄者，也可以主动地让静止的画面产生动感。当主体在画面中特别重要，比如表情特别好，或者动作特别惊人的时候，可以尝试用一种特别的方法来强化一下。

例如，要拍摄一个人物惊讶的表情，并将其夸张地表现出来，可以为相机配置一个标准变焦镜头，例如24-70mm之类的，然后架好相机，将人物放在画面中间，焦距调至24mm，调整到快门优先拍摄模式，将快门速度设置在1/4s，接下来的操作和刚才一样，要在反光镜抬起之后凭借感觉来完成。在按下快门的同时，迅速转动镜头的变焦环。注意，要让快门打开的时间和焦距改变的时间保持同步，提早按下快门或变焦环转完后才按下快门都不会得到想要的效果。

如果做得足够好，你会得到一张有趣的照片：画面中心是一个基本清晰的人物的惊讶表情，而他周围的影像则变成了一条条放射的线条。这是因为在画面中，尤其是透视明显的广角镜头的画面中，变焦时形成的景物大小变化，画面中心相对较弱，而周围会比较明显。因此，变焦时画面中心的人物面部大小在变焦前后变化并不明显，清晰度不会受太大影响。边缘画面则不同，变焦带来的画面范围的变化，会让原来位于画面周围的景物移动到画面边缘甚至画面以外，而此时相机的快门是打开的，因此运动的轨迹会记录在画面上，这移向画外的轨迹便成了一条条放射线并围绕在人物周围。

　　静止的物体都可以运动，如果让运动与你的变焦动作结合起来，那么画面会更加精彩！比如要拍摄自行车运动员迎面向你骑来的画面，可以用这种方法突出他的速度（当然，这时可以适当选择焦距长一些的镜头，以保证安全）。之所以选择自行车运动员，是因为他们在运动中身体姿态变化不大，自行车在行驶中颠簸也不大，很适合使用像1/4s这样的慢速快门拍摄。

　　正如快门带给我们丰富的挡数选择和多样的光圈快门组合一样，它也让我们的拍摄方法变得丰富多彩。灵活运用快门速度，我们可以得到更多新奇有趣的画面。它是很多摄影师走向成功当之无愧的"法宝"。而它的表现力有多强？很难估量，这主要看你的创意有多少。

慢门拍摄运动，最好在比较暗的背景下，用低ISO，耐心地多试验，经常能得到意想不到的效果。
光圈f/9，快门1/5s，ISO100

快门与光圈

1. 快门与光圈的关系——倒易率

既然我们最后要得到的是一张曝光合适的照片，那么使用光圈优先或快门优先模式拍摄，不都是为了同样的目的吗？最后岂不是殊途同归？其实，最终的曝光量虽然相同，而确定的曝光数值却不一定完全相同。用游泳池来理解可能更容易理解一些，我们的目的是注满一个100m³的游泳池，假设用横截面积1m²的注水管注水2小时注满，那么我们可以推断出来用横截面积2m²的注水管注1小时可以注满。可见要注满游泳池，我们的选择很多，可以用更细的注水管、更长的时间来注水，也可以用更粗的注水管、更短的时间来注水。

同样的道理，要实现一定量的曝光，我们也有多种选择。可以用大光圈、高速快门，或小光圈、低速快门实现同样的曝光量。当已经有一个曝光组合作为参照时，例如我们确定f/5.6、1/250s的组合可以得到合适的曝光效果，那么如果要扩大一挡光圈至f/4，要想得到同样的曝光效果，就要提高一挡快门速度至1/500s。同样，如果将光圈缩小一挡就要放慢一挡快门速度。

这种光圈与快门互补，实现平衡的曝光总量的关系就叫倒易率。

花絮：倒易率失效

倒易率并非在任何情况下都有效。当快门速度过高，或者光线过暗时，倒易率会失效，因为过少的光线无法穿透胶片或CMOS/CCD的表层物质抵达其内部的感光层。此时我们需要适当增加曝光，以保证得到所需的效果。

2. 如何选择"合适"的曝光组合

很多使用程序自动曝光模式（P挡）拍摄的朋友在刚开始使用半自动的光圈优先模式（Av挡）和快门优先模式（Tv挡）的时候，总会摸不着头脑。相同曝光量可以有那么多种不同的光圈快门组合，它们之间有什么区别呢？无论是自动拍摄还是手动拍摄，测光表会在很多种光圈快门组合下显示曝光正确。到底该选择哪一组数据？很多人会觉得"无所谓"，实则不然。

在一个场景中，假设感光度设定在ISO100，光圈是f/4。如果将相机设置为光圈优先模式，那么相机会自动选择一个快门速度，假设在这个场景中是1/500s，那么相同曝光量还可以有很多种其他的选择。可以选择缩小一挡光圈，改为f/5.6，那么就需要把快门速度放慢到1/250s，来获得同样充分的曝光。同样，如果把光圈再缩小一挡到f/8，就需要把快门速度放慢到1/125s来满足曝光的需要。以此类推，还可以使用f/11、1/60s，f/16、1/30s组合。这些光圈快门组合对于测光表和相机来说，都是"正确"的曝光。然而显然它们的效果是完全不相同的。人物运动的状态会在不同的快门速度中形成完全不同的效果。f/4、1/500s的曝光组合可以得到最清晰的瞬间动态，人物的一举一动都会纤毫毕现。而如果快门速度降至1/250s或1/125s，尽管曝光量可以通过缩小光圈来保持一致，但运动速度比较快的部位，如手和腿则会变模糊。当然，人物的面部运动范围相对比较小，因此可能仍然能够保持清晰的状态。然而如果快门速度继续下降，越来越多的部分将会变为模糊的状态。直到f/16、1/30s的

在所有可能的曝光组合中，同时考虑景深、运动和画质三个因素，你会得到一个最合适的选择。
光圈f/10，快门1/800s，ISO200

曝光组合时，可能整个人物都是模糊的了。

当然，在运动摄影中，并不见得清晰就是最好的，模糊就是不好的，适当的模糊往往会使人物一部分静止，而另一部分运动，动静对比明显，得到更好的效果。实际上，很多体育摄影师也要根据不同的项目，使用相应的快门速度来拍摄（相关内容请见《一本摄影书》体育摄影部分）。对于他们来说，六种相同的曝光组合当中只有这一种组合是符合他们拍摄需求的。因此对于他们来说，只有这一种曝光组合可以被称为创造性的曝光。

3.练习使用创造性的准确曝光

想找到"合适"的曝光，是需要不断练习的。当然，一定要使用手动曝光模式。开始，可以选择一个静态的物体练习，然后可以找个朋友，让他一动不动地站着，拍摄人像作品。慢慢地，可以选择运动的主体，比如跑步机上的人、流水、荡秋千的孩子等（尽量选择这些原地运动的人或物体，这样还可以使用三脚架，有足够的时间慢慢调整相机）。尽量选择在阴天进行拍摄，用构图将天空遮住一部分，以保证更好的画面构图。

选好了主体，就可以开始像李时珍一样进行"遍尝百草"的实验了。将相机固定在三脚架上，然后把相机调整到手动曝光模式（要想得到全面的锻炼，全手动模式肯定是让你进步最快的选择，而将来你也会依靠手动模式得到更大的创作空间）。现在，把光圈开大，到f/4、f/2.8或者f/1.4，然后将运动物体充满取景框——无论拍的是人还是物——调整快门，直到曝光指示灯指在正确曝光的部分，然后按下快门。

接下来的工作就是不断重复了。把光圈一挡一挡地调小，同时，把快门一挡一挡地调慢，这样，就能够得到统一的曝光了。每调整一挡，拍摄一张照片。这样调整6挡，并记录下每张照片的数据（其实在早年间，很多胶片摄影师也是会记录下一卷胶卷里的曝光读数的。相关信息请见《兵书十二卷：摄影器材与技术》一书）。有了照片和数据，就可以比较不同曝光组合拍摄出来的不同效果了。首先，大光圈的拍摄效果，景深效果会更明显，背景虚化更突出。而小光圈则会给主体带来更丰富的环境信息。

其次快门的变化也会呈现出逐渐变化的效果，画面中运动速度快的部分，会随着快门速度的降低而变得越来越模糊，而相对静止的部分则能够保持清晰。于是，如果拍摄的是流水，就可以看到一颗颗飞溅的水珠异常清晰，看到水流密密地交织在一起，形成一条素锦似的"流动"效果。

可以通过记录的数据来确定最适合你的那一挡"合适"的曝光。打开照片的EXIF文件，就可以查到照片的拍摄数据，如果你认为拍摄流水时1/1000s的水滴飞溅的效果是你最喜欢的，以后就可以使用同样的快门速度。当然如果你觉得10s的快门才足够表现你想要的"织锦"一般的水流效果，以后则可以参照这一数据。不过，还要记得带密度镜（关于密度镜的选购和使用，请见《一本摄影书》中摄影附件的相关章节）。

总之，曝光组合非常丰富，要想找到属于你的"合适"的曝光，就需要反复拍摄，根据你想要表现的效果选择最适合的那一组曝光数据。

动静对比会使画面更加生动，快门速度的选择对于动静对比的表现来说非常重要。
光圈f/4，快门1s，ISO200【R】

第5章 感光度

地球面对远方的太阳轻轻低下头，为北半球迎来最充沛的阳光。不列颠岛也将迎来温暖的夏

日。18 世纪的阳光，似乎含有某种特别的元素，给工业化时代的人们带来出奇的创造力，

这样的创造力激发着人们对于光的渴望。

《韦奇伍德家族》是个声名显赫的家族，在这个王室还具有相当势力的岛屿上，他们所制造

的瓷器，已经被王后选为唯一认定的品牌。这可是制造商们最艳羡的待遇 。

从斯塔福德郡到利物浦，韦奇伍德家族成员们正盘算着将家族传承的陶瓷推向俄国的王室。

而托马斯·韦奇伍德却一直专注于另外一件事情。

曝晒皮革，是他每天都会专注完成的事情。

他把硝酸银涂在一块块皮革上，然后在上面放上几片树叶。随即拿着这些看似标本的物品放

到阳光下曝晒。他无时无刻不严密地监控着这些树叶的变化。随着太阳的探戈从东山跳到西

山，树叶的色彩也产生了明显的变化。所有的皮革都变成了深色，经阳光曝晒的硝酸银还原

成黑色的银颗粒，堆积、叠加。正常人无法理解韦奇伍德的欢呼雀跃。而当他将遮挡在皮革

上的树叶挪开，人们看到皮革上逼真的树叶影像时，才明白韦奇伍德此举的目的。然而，这

最早的"阳光照片"并没有保存下来。因为被树叶遮挡住的皮革依然会在光线中慢慢变黑，

无法保存。很多人看到了这样的影像，却无法将它留住。失望的韦奇伍德毕生都未能将手中

的摄影术正式推进到照片时代。

运用韦奇伍德的方法制作出的皮革"照片"

在这个时期，"暗箱"已经是西方知名的绘画工具，相机的雏形已经形成，甚至镜头已

经有相当精密的结构。韦奇伍德的实验完成了曝光，却无法长久保存。而另一位英国人

埃尔斯谢尔，则发现了硫代硫酸钠的定影效果。因此，理论上，摄影术的完整的三个环

节已经各自出现。

然而，他们都没有彼此告知自己发现的技术。

摄影本可以诞生于不列颠，

却与它的发明擦肩而过，推迟了半个世纪。

夜晚，阳光的威力暂时退去，大地步入黑暗，人类着手用自己的力量点亮生活。星星点点的灯光，虽然无法达到像阳光一般明亮，但是在这些温婉独特的光线下，人们的生活却开始了一个新的节奏，而这恰是万般美妙独特瞬间的开始。　光圈f/8，快门20s，ISO100

　　要将夜晚的动人瞬间拍摄下来，我们会经常遇到一个问题。人工光源尽管看起来足够明亮，但拍摄时却往往容易因为过暗而影响拍摄效果。

　　我们当然不能因此就放弃拍摄，温馨的家庭生活、路灯下静静的长椅、酒吧里色彩斑斓的欢乐时光，这一切仅属于夜晚的美妙事物对于摄影师来说都是太大的诱惑。

理解感光度

　　完成了一天工作的家庭成员在晚上都齐聚家中，无论灯光是否昏暗，这都是一家最温馨的时刻。当我们要将这些平凡却回味悠长的生活场景记录下来时，光线是最得力的助手，也是最大的敌人。

　　我们可以在很多作品中看到温暖灯光下的幸福生活场面。无论是日光灯还是钨丝灯，家庭中使用的光线都非常柔和，适合拍摄温情的场面。但是这些光源最大的不足就是光线较暗。人眼对于光线的敏感程度很高，适应能力非常强。感光胶片和数码感光元件则无法达到同样的程度。因此当我们肉眼感觉房间里面已经非常明亮的时候，使用相机拍摄时仍然可能遇到问题：很可能光圈已经开到最大，快门速度仍然不能保证手持拍摄的清晰度，而即便可以使用三脚架保证相机稳定，但你仍不可能让家庭成员们总是"一动不动"，日常生活中正常速度的动作对于这时的快门速度来说，都可能让整个人变模糊。

　　这时，大多数摄影师会求助于曝光的第三大"法宝"——感光度，它可以让你的相机像人眼一样"适应"这样的环境。高感光度的胶片或感光元件对于光线的敏感程度更高，

在夜晚拍摄时,提高感光度和使用三脚架都是必需的。

要达到合适的曝光所需要的光线更少。比如,普通胶片需要两份光线才能曝光合适,而使用感光度高一倍的胶片只需要一份光线就可以实现同样的效果。我们在游泳池注水问题中已经解释过,这就相当于只灌半池水,然后用魔法把半池水变成一池。

很明显,感光度高的胶片或感光元件更适合在光线比较暗的条件下拍摄。

感光度的高低是有国际标准规定的,一般用ISO加上数字来表示。我们最常用的胶片的感光度是ISO100的,在日光下可以完成正常拍摄。市场上常见的还有ISO200、ISO400的胶片,数字提高一倍,则证明感光体对于光线的敏感程度高一倍,完成同样的曝光所需要的光线量是原来的一半。柯达经常宣传它生产的MAX400彩色胶片"明暗动静,想拍就拍"。正是由于它ISO400的感光度是一般胶片的4倍,可以胜任在相比之下暗得多的条件下的拍摄任务。除了这几款常用感光度的胶片,如果在专业的摄影用品店,我们还可以买到ISO25至ISO6400不等的多种胶片。

高感光度的成像质量

显然，高感光度也有自身的劣势，否则市场上岂不全卖ISO6400的胶片了？高感光度胶片的成像质量要差一些。高感光度的胶片拍摄出的影像往往会显得更加粗糙。这是因为高感光度胶片成像时形成的银颗粒往往要更大，影响照片整体的清晰度。就像由细沙形成的沙滩，要比煤渣铺成的乡间小路看起来更细腻。此外，高感光度胶片在成像的层次、色彩上，也与低感光度胶片有所不同。

专家点评：高感光度胶片的拍摄效果也不见得在任何方面都较低感光度胶片差，它也具有一些优势，比如一般来说高感光度的胶片拍出的影像会更加柔和。当画面反差很大，非常"硬"的时候，使用高感光度胶片拍摄得到的效果看起来会更舒服一些。

一般来说，ISO200的胶片成像质量与ISO100胶片的成像质量的差距并不是很大，不是专业摄影师的话，往往不太容易分辨出来。但是，感光度升至ISO400时，如果把照片放大，还是能看出明显的颗粒的，在选购上我们要谨慎一些。

在胶片摄影时代，为了确保影像质量，又要保证在暗光条件下能够拍摄，很多摄影师会带多个机身外出拍摄，一个机身装低感光度胶片，一个机身装高感光度胶片，这样在应对不同的拍摄条件时，可以及时换上装有所需感光度胶片的机身，避免了更换胶卷的不便。但是当时一个尼康F4机身，就要超过2kg，其他常用品牌的专业135单反相机也要2~3kg，如果加上多支镜头，再加上一个装黑白胶卷的机身，超过10kg的拍摄装备让摄影在很大程度上成了"体力活"。很多摄影师不得不在拍摄质量和"持续作战"能力上做出选择。

数码时代的感光度

数码时代的到来，将摄影师们从沉重的背包下解救了出来。数码相机在拍摄时可以任意调整感光度，每一张照片的感光度都可以任意变化。这样一来，感光度就成了和光圈、快门一样，可以随时调整的曝光因素，三大法宝真正可以实现随意的组合调整。这样首先省去了多台机身的超重设备，也省去了更换机身的时间，相当于使用步枪的士兵换上了冲锋枪，令摄影师拍摄的机动性大大提高。其次，在任意条件下都能够尝试用不同感光度的成像特点进行创作，让摄影师有了更多的选择。

此外，数码相机与胶片相机在高感光度挡位上的拍摄效果也不尽相同。数码相机的高感光度形成的是噪点，而不像胶片那样是颗粒。噪点与颗粒放大来看是不太一样的。胶片的大颗粒只是会让影像变得粗糙，但除清晰度以外，其他方面的问题是不是非常明显。数码相机的噪点则更加不规律一些，我们将数码相机高感光度时拍摄的照片放大来看，噪点并不是以一个个颗粒的形象呈现的，而是一些与影像无关的杂点，影响了影像的清晰度，同时，这些杂点的色彩也是不确定的，可能对整体画面的色调形成影响。

但数码相机在高感光度时的成像质量相对于胶片来说要高一些。使用ISO400的胶片进行拍摄时，能够看出比较明显的颗粒感。而数码相机随着技术的不断改善，在高感光度的影像处理上飞速进步，同样用ISO400拍摄出的效果，损失的清晰度要小一些。很多专业摄影师已经将ISO400列为常用感光度。

提高感光度的代价是画面质量的下降。因此要谨慎使用高感光度。
光圈f/2.8，快门1/30s，ISO1600

感光度越低越好

现在数码相机的发展让高ISO的成像质量已经有了很大的提高，但是低ISO比高ISO的成像质量好依然是摄影的金科玉律。

如果你拍的照片对成像质量格外看重（晕，不在乎成像质量为什么看这本书呢），要坚持尽量使用低ISO，无论是胶片相机还是数码相机。

"慢功出细活"，中国这句古话在感光度问题上非常适用。无论是胶片相机还是数码相机，在低感光度条件下成像质量都会更好。因此，对于严格要求影像质量的摄影师来说，感光度仍然是"越低越好"。为了得到更细腻的作品，他们不惜使用ISO50甚至ISO25的感光度，尽管这会让本来不多的曝光选择变得更少。

对我们来说，如果可能的话，还是要尽量将感光度设置在最低，避免不必要的影像质量的损失。很多影友为了方便，常年把感光度设置为ISO400，也追求"明暗动静，想拍就拍"的效果，这会让你日常拍摄的照片质量没必要地下降。如果影响了作品，就很可惜

极光很暗，要想得到这样清晰、细腻的极光，画面中还没有明显的噪点，你要非常谨慎地选择感光度，不要为了省事过高提升ISO。 光圈f/4.5，快门65s，ISO2500

了。所以我们每到一个拍摄环境下，最好先进行测光，从而判断一下合适的感光度，才能保证最好的影像质量。

当然，低ISO会带来一系列的困难，首先就是容易造成由手震导致的图片模糊，特别是在需要大景深的风光摄影中。职业摄影师解决它的办法是使用三脚架。当然，无论是携带三脚架还是使用三脚架都会使你丧失一部分拍摄的灵活性，所以爱好者都不是太喜欢。那么折中一下吧，在你拍摄觉得重要的照片时，一定要使用低ISO，即便需要使用三脚架。

高ISO面临的各种问题

当然，作为摄影师，我们也经常面对现实：不是所有的场合都可以用低ISO拍摄。

前面已经说过，高ISO必定会带来成像质量的下降，首先是噪点的增加。其实在胶片时代，高ISO的胶片也会带来更多的颗粒。对于有经验的摄影师来说，颗粒感有时会带来更好的现场感觉。但是我个人依然不喜欢颗粒感。

数码相机的高ISO成像质量差别非常大，总的来讲，单个感光单元的直径越大，高ISO的效果越好。实际上，这个情况还是有点复杂的。高ISO的质量和CCD/CMOS的质量、数字引擎的算法都有很大的关系。

不过，一个有趣的现象是，不是质量越好的CCD，高ISO也就越好，这通常是由CMOS和CCD的成像原理差异决定的。比如在感光度设为ISO400的时候，一台价值超过20万的数码后背拍的照片的颗粒感，要远比中档的135相机拍的照片的颗粒感严重得多。所以，绝大多数数码后背索性就不提供高过ISO400的感光度。如果你喜欢"手持+现场光"的拍摄方式，建议你根本就不要考虑采用CCD技术的数码后背。

关于高ISO，有一点肯定的是，数码单反相机的高ISO效果要明显比便携型数码相机（DC）的强。这是因为数码单反相机传感器的单个感光元件的面积要比DC的大得多（原因阐述起来比较啰唆，这里就不浪费笔墨了）。目前，市场上小型DC的高ISO质量和单反相机的相比，差距还是比较大。

说到噪点，噪点和噪点的表现又不相同。由于胶片时代高ISO胶片也存在颗粒问题，所以很多人会把颗粒效果和低照度现场光拍摄联系起来，以至于现在的器材厂家也会注意让数码相机的高ISO效果和胶片的高ISO效果更加接近一些。这方面做得比较好的厂家以徕卡M系列的数码相机为代表，虽然它的高ISO噪点出现得很早。

另外，以后你可能会从职业摄影师那里听到一个叫"临界高ISO"的概念。也就是说，不同领域的摄影师对于能够接受的噪点程度是不一样的。通常，一张新闻摄影师觉得噪点不严重的照片，在商业摄影师看起来可能完全不能接受。所以，虽然器材厂家宣称自己的高ISO可以设置得很高，但实用性有多大还要自己判断。

虽然目前的数码相机和胶片相机相比在高ISO画质上已经取得了巨大的突破性进展，但是在极暗的环境下，你可能会面临两难的境地，要不要冒着增加噪点的风险来提高ISO。

这时候最好的解决方案是不用太高的感光度设定，索性用低一挡的感光度，减少一挡（甚至两挡）的曝光，然后在后期用软件把曝光"追"回来。这一招对于刚刚超过"临界高ISO"时特别有用，因为绝大多数数码相机在高ISO时的降噪功能远不如计算机精细运算调整得好。不过这要求你必须要拍RAW格式的文件！通常这招对所有的相机都管用，特别是现在后期软件越来越好的情况下。

另外，再教你一招格外有用的，如果在极暗的条件下拍摄，超高感光度显然会带来影像质量的严重下降，彩色噪点会非常严重，那时候不妨把照片转成黑白效果的！

光圈、快门、感光度的设置谁更优先

光圈、快门、感光度，都是决定曝光的依据。那我们应当先确定哪个呢？很多仍然"活在胶片时代"的朋友会想当然地说，当然是先确定感光度。但对于数码摄影来说，我们有全新的"反推模式"。

要确定哪个要素优先，一定要确定什么对一张照片来说是最重要的。通常，一张"好照片"的第一个前提，即是清晰度，如果照片不清楚，那光线、色彩再好也没用。我们在讲快门一章中已经说过，人手持相机的稳定性是跟焦距直接相关的，以焦距的倒数为快门速度，就是手持的极限快门速度。换句话说，如果你使用200mm的镜头拍摄，手持拍摄的极限快门速度就是1/200s，使用整挡快门的话就是不要高于1/250s。因此，当你拿起这支200mm的镜头时，你要做的第一件事情就是将快门速度至少设为1/250s或更快。

此时需要考虑的第二个参数是光圈。因为光圈在很大程度上影响着景深。如果你是风光摄影师，那么很可能希望得到前景背景都非常清晰的照片。那么，就需要f/8甚至更小的光圈（这时候要考虑最佳光圈、光圈极限衍射等问题）。而如果你需要拍摄背景模糊的人像，那往往就需要f/2.8甚至更大的光圈。因此，按照你所需要的景深选择光圈，是确定快门之后的第二件事。

此时，再按照正常曝光所需的曝光量，推算出感光度的数值，这时候，应该使用尽量低的ISO设置。

2012年5月，我在"中国野生动物摄影大师班"讲课期间拍摄了这张照片。高黎贡山上的长臂猿移动速度非常快，而雨林内的光线条件变化又非常快，这些状况经常搞得学员们手忙脚乱。当使用400mm镜头手持拍摄的时候，通常我会把快门速度确定为不低于1/500s。虽然我使用的镜头最大光圈是f/4，但是通常我希望收小一挡光圈来获得更好的画质（当然，这时依然有比较好的景深）。如果在光线好的条件下，我会尽量使用ISO100+f/5.6+改变快门速度的搭配。但当光线不好的时候，一旦快门速度有可能降到1/500s以下时，我会先提高光圈到f/4，如果光线还是不好，再提高ISO。通常ISO800的画质是我个人能接受的佳能5D Mark III的极限，所以随着光线变差可能会从ISO100慢慢升到ISO800。如果光线更暗，只要在一挡之内，我可以接受曝光稍微不足，坚持使用f/4、1/500s和ISO800的设置，只要拍摄的是RAW格式照片，就可以通过后期软件基本无损地"找"回来。如果光线再暗呢？那时我不会再调高ISO，而是会降低快门速度，只能希望镜头的IS系统和好运气或许能帮我拍出好照片啦。
光圈f/4，快门1/500s，ISO800

第6章 判断曝光结果的因素

天还很早，光线也很灰暗，不是很适合拍出好照片来，但灰的水面和灰的天空反衬着人们在希特勒智囊团设计的超现实主义障碍中东躲西藏的效果非常好。

我拍完了照片，海水在我的裤子里，很冷。我不太情愿地试图离开我的铁障碍，但每一次都被子弹逼了回来。在我面前50码的地方，我们的一辆半燃烧着的水陆两栖坦克从水里冒了出来，正好给我提供了下一个掩护。我衡量了一下现在的情况，手臂上那件优雅的雨衣压得重重的，将来也没什么用处，于是我扔下雨衣向坦克冲去。我在漂浮的尸体中冲到了坦克旁边，停下又拍了一些照片，然后壮起胆子向海滩做最后的冲刺。

现在德国人搬出了全副家当，离海滩的最后25码被子弹和炮弹封锁得密不透风。我只能留在坦克后面，不断重复以前西班牙内战时期的一句话"Es una cosa muy seria. Es una cosa muy seria"。这是一项非常严肃的事业。

······

7天后，我得知我在"小红海"拍摄的照片是关于这场进攻最好的报道。但在伦敦办公室看到这些照片之前，那个激动的暗房助手在烘干底片的时候过度加热致使感光乳剂融化而损坏了底片。总共106张底片里，只有8张被救了回来。在这些受热而模糊的照片底下配的文字说明为：卡帕的手抖得厉害。

—— ［匈］罗伯特·卡帕

＊罗伯特·卡帕. 失焦[M]. 徐振峰，译. 广西师范大学出版社，2005：158-164.

下对页图：曝光说到底，是个艺术技巧，所以你完全不必机械地死记硬背光圈、快门的最佳数值。你要做的是不断练习，让这些都成为你下意识的技巧，在一个场景中凭借感觉去判断。就像这张照片，很难说摄影师选择的曝光是否"正确"，但重要的是为照片营造了非常好的氛围。
光圈f/8，快门1/60，ISO100【R】

光圈、快门、感光度，是摄影"四扇门"中最基本的摄影技术，有不少摄影师就单靠"玩明白"了快门，或者"玩明白"了光圈就拿到稳定订单。这些技术最大的魅力（其实也是摄影最大的魅力）就是了解基本的原理并不难，但你越感兴趣、越深入地挖掘，就有越多有趣的东西出现。你每推开一扇门，就会有更多的门为你打开（这就是为什么你的手里还握着这么厚的书）。

　　在打开最后"一扇门"之前，我们还要卖个关子。光圈、快门、感光度三者是我们控制曝光的主要手段。了解这些内容，掌握控制它们的技巧，是为了得到更高的曝光质量。但是，什么样的曝光才是更高质量的？我们在真正学会如何拍摄出优秀的作品之前，还要先知道"好照片"是什么样的。

　　高质量曝光简单地说，就是曝光控制能够完全实现作者的表达需要。道理虽然简单，但当别人拿来一张照片，让你评价其曝光质量的时候，你可能一眼就看出照片"好"或"不好"，但是如果让你说出"哪里好""为什么好""为什么不好"，恐怕就难于评判了。

　　其实这并不像想象中那样难。要像专业摄影师、评论家一样准确地判别一张摄影作品曝光质量的优劣，我们必须对于曝光有充分的了解。但是我们只要从几条最重要的衡量标准入手，逐一分析，就能够比较全面系统地评价作品了，可能不如最优秀的摄影师那么敏锐、精准，但基本的路线是不会错的。

曝光适合表现的需要，那就是"正确"的，但要想得到最佳的效果，则需要"精确"的曝光。
光圈 f/5.6，快门1/125s，ISO800【R】

正确曝光和精确曝光

读到这里，我们的摄影级别越爬越高，在继续迈进之前，我必须要解释一个问题。你是否发现：此前的文章中，我们总是会提到"曝光失误"会怎样，但是却从来没有说过"正确曝光"是怎样的。

这是因为，"正确曝光"是没有一定之规的。没有绝对的"正确曝光"，这是因为任何一个场景，不同的摄影师都有不同的关注对象和表现方式，他们会用不同的曝光方式拍摄出各种各样的效果。有些摄影师可能会略微曝光过度一点，以追求人物肌肤白皙的效果；也有的摄影师会将影调微微压低，追求阴暗沉重的气氛。我们很难说哪一种曝光"更好"，也不可能拿出其中的一种作为"正确的"标杆。这就是艺术创作捉摸不定的地方。

虽然没有绝对的"正确曝光"，但是我们却要追求"精确曝光"。我们身边不乏喜欢"打哪指哪"的朋友，曝光过度了就说"追求高调"，曝光不足了就说"突出暗部氛围"。真正优秀的摄影师不能允许曝光失去控制，拍摄效果可以和相机的测光读数不同，但绝不能和自己预先的想法相异。这一点在我们讲到"分区曝光"时会成为非常重要的概念。

反差与宽容度

1. 反差

照片中往往是有暗有亮、有黑有白的。有些照片暗部特别黑，亮部特别白，有些则整体都是"灰突突"的。为了区别这两种照片，我们要介绍一个新的概念——反差。反差就是指照片中亮暗差距的大小。黑白分明的称为大反差，整体比较灰的称为小反差。

2. 宽容度

一幅照片，能够容纳多大的亮暗差距，称为宽容度。"容纳"是什么概念呢？我们可以用相机拍摄一个标准的灰阶，我们会发现有的相机的CCD/CMOS或胶片可以把灰阶的每一个挡位都表现出来，看起来和原来的灰阶没有什么区别。但有的胶片或CCD/CMOS则只能展现出其中的一部分，其拍摄出的效果可能灰阶的中间一段都是正常的，一定挡位以下的黑色却"溶在了一起"，同样，一定挡位以上的白色也变成了同一种白。这个黑色与白色之间的挡位数则可以被视为这款胶片或者CCD/CMOS的宽容度。

在宽容度以外的黑色或白色挡位，则超越了感光体表现力的极限，所以它只能把它们同样地表现为其所能表现的最高挡位。

这种情况就像我们前面所说的"剪影效果"，当人物身上所有的位置都暗得超过了宽容度的边界，就会表现为统一的黑色。于是整个人物就只剩下一个黑色的轮廓。

3. 知己知彼

作为专业的摄影师，要充分了解自己常用的胶片或者数码相机的宽容度，还需要充分了解，在画面中相机可以记录下亮度差距多大的景物。建议大家都拍摄一下灰阶，测试一下自己的相机的宽容度，不管怎样，你至少能够知道，你的相机和别人的比起来，在这一项参数上，哪个更优秀一些。

同时，在拍摄时，我们也要掌握景物反差的情况。当选定一个场景决定拍摄的时候，我们可以先初步估计一下景物的反差，景物中最亮的与最暗的部分之间光线强度差距有多大，要拍摄的主体的光强度在其中处于什么位置。通过初步判断，我们就可以知道相机感光元件或胶片的宽容度是否能够容纳这一景物的光线强度差距。同时我们也能够大致估计出主体景物在画面中的影像有多黑。这样我们对于拍摄效果就有了更多把握。

当然，要想熟练地凭肉眼和头脑直接估计出景物的反差、主体的亮度，则需要非常丰富的拍摄经验。

作为初学者，要想准确掌握景物的反差，可以使用测光表，独立型的、相机内置的都可以。我们可以把相机调整在点测光模式上，然后对准画面中最暗的地方和最亮的地方分别测量一下，如果你使用的是光圈优先模式，两次测量时相机会为你提供两个快门速度的数值，这两个数值相差几级就说明画面中的反差有几级。

当然照片的"反差"不完全在于景物本身的实际反差，也在于感光元件或胶片的宽容度。宽容度大的感光体会容纳很高的反差，然后把实际反差的亮度差距加以压缩，那实际拍出的照片中的反差相对会小一些。而宽容度较小的感光体则可能会夸张景物的反差，让本来"灰突突"的景物变得更加明晰锐利。

根据拍摄的需要可以选择不同的胶片或者不同感光特性的数码相机。但这里要提醒大家注意的是，并不是说宽容度高就一定好，利用低宽容度胶片或感光元件夸张反差的方式也是很多摄影师为得到更好的视觉效果，经常用到的手段。这种方法对于色彩艳丽的风光片来说的确有一定价值。

花絮：正片（反转片）

最典型的低宽容度胶片就是正片，也就是我们常说的反转片。一般来说黑白负片的宽容度可以达到11级，彩色负片可以达到9级，而彩色反转片则往往只能达到7级。但是反转片片基是没有颜色的，因此拍摄出的胶片本身视觉效果反差反而比负片的看起来大一些，这样就将画面本身的反差强化了。

正如十八般兵器中"枪有所长、刀有所强"一样，摄影的世界中每一样法宝都有自己的特长和短处。不同的摄影师也会有不同的喜好。只要能充分发挥出每一样法宝的特点，都能够拍摄出足够优秀的作品。此外反转片的特长正在于其对于色彩的敏感，它们可以轻易地将色彩鲜艳地表现出来。因此，使用反转片拍摄出的画面效果明暗反差明显、色彩艳丽，画面看起来透彻、清晰，非常讨人喜欢。但是，如果要强调丰富的层次、细腻的质感，或者景物本身反差过大，亮暗差距过于明显的时候，反转片就不能展现自身的优势了。

我们现在只是初步了解了宽容度是怎么回事。宽容度的实际应用是个非常复杂的问题。而如何利用宽容度，怎样依照宽容度进行曝光拍出最优秀的作品，这是一个具有更高难度的问题，请见"第7章 高级曝光技术——分区曝光法"。

层次与质感

到美术馆的摄影展去转一转，你经常能够看到，一张大幅的摄影作品挂在墙上，前面几个人在啧啧地赞叹："多么丰富的层次啊！""是的，还有那绝妙的质感。"

他们在说些什么？我来一一说明。"层次"是指画面包含的影像的不同灰度的丰富性。从黑色到深灰、中灰、浅灰，再到白，都能在画面中找到，并且不同的灰度之间的过渡也均匀、丰富，你能用肉眼在画面中找到的灰色种类越多，就证明画面的层次越丰富。

而质感，则更容易理解。简单地说，质感就是物体的质地的视觉表现，瓷器的细滑、砂石的粗糙、棉花的柔软。我们用眼睛看某一事物时，其实已经能够基本判断出其质地和触摸起来的手感。瓷器平整的反光、砂石棱角分明的外表、棉花细密的纤维，这些都让我们轻易地在头脑里唤醒相应的视觉感受。因此，能够把这些外表的细节清晰地展现出来便决定着画面质感的好坏。因此清晰度成为表现质感的一大因素，同时一个同样重要的问题是光影的关系。物体全部暴露在光线下，很难判断哪里是凸起的、哪里是凹陷的；只有物体在侧面光线照射下，呈现出明亮的受光面与阴暗的背光面，我们才能看出物体的立体感。因此要想表现出良好的质感还要有合适的光线照射。此外，自然界中的物体往往不都是"有棱有角"的。圆面的物体（如排球、人的面部、面包等）在阴影和受光面之间没有明显的分界线，而是会有一个"过渡带"。这个过渡带由浅到深，由明到暗。物体表面的凹凸质地是一样的，在曲面逐渐变化的受光角度中，表现出不同的光影效果。如此一来其

沙发柔软的表面、玻璃杯晶莹剔透的质地、屏风材料的华美，层次与质感的表现往往是建筑室内摄影成功的关键。
光圈f/11，快门 8s，ISO50【R】

表面的质地就更容易分辨。因此在这个明暗过渡带上，质感表现得最明显。所以丰富的层次对于质感的表现来说也是必要的。

物体的层次和质感表现得最好的，是照片中"中灰"的部分（关于中灰，请详见分区曝光部分），也就是宽容度范围正中间的位置。这一部分中影像的层次、质感、细节既不会被黑色吞噬，也不会被白色"磨平"，中灰到深灰、浅灰，深浅过渡明晰、细腻。可以说这一部分是最利于影像细节展现的灰度。可见，如果需要表现好的质感，也需要我们之前提到的层次的配合。

色彩

你是否遇到过这样的情况：来到一个风景优美的地方，拍摄了很多照片，回来细看却发现色彩都不够满意，看起来和当时看到的相差很多？

1. 偏色问题

判断一张照片色彩表现如何，首先要看是否偏色。很多照片色彩不理想是因为偏色，但轻微的偏色很多非专业人士不太容易发现，只是觉得色彩不够鲜艳，但是和正常拍摄的照片一比较就会发现，是偏色问题导致的色彩表现上的不足。

2. 精确曝光

如果没有偏色这种误差情况发生的话，就要看你的器材和曝光技术对色彩的还原能力。决定色彩好坏的因素有很多，包括镜头的质量、胶片的特性、曝光的精确程度等。而我们这里讨论的，主要是与曝光有关的色彩问题。精确的曝光可以让色彩更真实地还原。例如你想展现一个琉璃花瓶通透艳丽的色彩，可以直接用点测光模式对这个花瓶进行测光，这样得到的曝光参数可以让色彩更真实地还原。如果你想拍摄阳光照射下的绿草或粉红花朵，也可以用同样的测光模式。但是如果你要表现的是较浅或较深的颜色，则要根据"白加黑减"的原则适当增减曝光补偿。而一种万变不离其宗的方法，就是在同样光线下使用18%的灰板（或者灰度相同的替代物，如人的皮肤、草地、深蓝的天空等）进行测光，来确定曝光参数，这样无论深浅浓淡，所有色彩都会得到正确的还原。

曝光略微过度或不足，都会影响水的色彩表现。因此可以对水面色彩最艳丽的部分进行测光，
以保证色彩的最佳还原。另外建议使用偏振镜去除反光。

光圈f/22，快门1/30s，ISO100【R】

第7章 高级曝光技术 ——分区曝光法

昏暗、杂色的灯光，具有捷克的血脉的百威啤酒，液晶电视上一排运动员们慵懒地打着棒球和篮球，加州的夕阳在呼唤着我们这些孤寂的人"该去酒吧了"。作为一个典型的纽约皇后区的"黄皮房客"，加州的一切都如此闲散，尤其是在这优胜美地山谷。到这里让酒精麻醉一下紧张的神经，用我的 iPad 浏览一下今天拍的照片，再惬意不过。这是一个难得还有现场钢琴表演的酒吧，一段迷人的爵士，让我愈发欣赏今天的作品。

"给这个年轻人来一杯 Grey Goose。"一个中年男子坐到我身边。他的眼神成熟却如此清澈，只是鼻子似乎有点歪，"喜欢拍照啊？"

"是，我是摄影师，在拍一个瀑布的专题。想不想看看？"我对给我买酒的人有天生的好感。

"当然。"

"是黑白片，我的追求是要拍出景物的丰富影调变化，你懂吗，就是黑白之间的细腻过渡。"我喜欢普及摄影知识。"你是钢琴师？"我注意到钢琴边没人了，乐声也停下了。

"不是，只是经常来这里弹弹，我很喜欢这里，跟这里的老板很熟，另外我也很喜欢这里的树林，还有半圆丘。"

"哦，那你也该学学摄影咯。"我们哈哈大笑起来。我一口把他给我的 Gray Goose 吞下肚。

他拿起插着一片柠檬的墨西哥啤酒瓶，喝了一口，说："不过，摄影师，你想没想过，你拍出的照片，是不是和你第一眼看到这个景象时的感受一样？"

"我也想拍出这样的效果啊，可是谈何容易，我拍了十几年，也只能有一成照片可以让自己满意吧。"我觉得自己还是相当低调的。几瓶啤酒和猛烈吞下去的伏特加混合，让我有了眩晕感。

"那你想没想过，如果把眼前的景物由亮到暗分成几个区，然后一一对应到你拍的照片里，再按照你想要表现的中间灰度区的数值确定曝光，把每个区都容纳到你的底片的宽容度范围内，拍出和你想要的效果完全相符的照片？"

"啊？"我眩晕的大脑并没有完全理解他说的话，只是觉得似乎很有道理。

他笑了笑，说："那样的话，你就会发现你这张照片的第六区和第七区的空缺让景物显得太平淡了。"他指着我一直觉得不太理想、又找不到原因的一张照片说，然后拍拍我的肩膀，拿着啤酒离开了我旁边的凳子。

我再次醒来的时候，已经是第二天的中午，我走出自己的小旅舍，本想去找公共厕所，却发现，不远处是一个画廊，上面写着"安塞尔·亚当斯摄影作品博物馆"，旁边挂着的那经典的歪鼻子的微笑老人肖像，看来出奇得眼熟。

下对页图：风光摄影经常遇到大光比、高反差的状况，要保证最佳的层次表现，就需要运用分区曝光法。 光圈f/32，快门1/8s，ISO50【R】

什么是分区曝光法

我们在此前已经好几次介绍过亚当斯这个有意思的歪鼻子老头了。亚当斯创造的不仅是一系列难以逾越的风光摄影巅峰作品，他还将自己的毕生"绝学"总结成了一套拍摄方法，这个方法在风光摄影界乃至任何摄影领域中，都被视为至高的教科书。这套绝学不仅涉及拍摄，还包括从构思到冲洗乃至印刷的全部环节，这就是传说中的——分区曝光法。

花絮：参考书《安塞尔·亚当斯论摄影》

亚当斯并没有像武林高手一样将自己的技巧深藏起来，只让我们空感叹"如何才能拍摄出这样的作品啊"。相反，他认真细致地将拍摄方法整理成书——《安塞尔·亚当斯论摄影》，并且尽量让其通俗易懂，以让所有爱好摄影的朋友都能够学到这种方法。但分区曝光法还是非常复杂的，掌握起来需要耐心细致地磨炼，因此仍然保持着强烈的神秘感。很多人对它都有所了解，但又没有人敢说完全掌握了这种方法。

"分区曝光法"解释起来其实并不复杂，简单地说，就是把影像的亮度与照片上的密度影调分成若干个区，彼此对应起来。举例来说，我们如果简单地把眼前景物的亮度分为亮、中、暗3个级别，同时把照片的密度（也就是照片的深浅程度）分为黑、白、灰3挡，经过拍摄过程，将亮的景物反映为白色影像、中部景物反映为灰色影像、暗部景物反映为黑色影像。当然，我们也可以调整曝光，通过加大曝光，让景物中的暗部对应为照片中的灰，那么，中部则对应成白，由于白是极限，所以亮部也对应成白，中与亮的区别也就分辨不出来了。同样地，如果减少曝光，我们也可以使中与暗变为同样的黑，而使白色景物在照片中呈现出灰色。这种先按照定位，再一一按深浅程度的顺序在照片中对位的对应关系就可理解为简化的分区曝光法的思维方式。

简化的分区曝光似乎很好理解，但要做优秀的摄影师，我们就要面对更复杂的现实。真正的分区曝光法中，亚当斯把从黑到白的影调分为了11个区，即全黑的"0区"到全白的"X"区，中间则是深灰到浅灰，分别标为"I"到"X"，每一区之间的密度（简单理解为深浅）差别是一倍，例如"III"区的密度就要比"IV区"的大一倍，看起来就要比"IV区"黑一倍，如果我们说这一倍用肉眼不好判断的话，那用相差一级的曝光在同样的条件下拍摄同一块灰板，所得到的两张照片就是相差一倍的密度的视觉效果。这11个区中，全黑与全白的两个区中的影像，是没有影纹的。而在中间的"I"到"IX"的9个区中，我们都是能够辨别出影纹的，处于中间位置的"V"区的影纹表现效果最好。这样一来，如何选择把从亮到暗的景物依次放入这11个区中，便成了曝光技术的重要技巧。

利用分区曝光法进行拍摄的常用方法是，我们把画面中重要的物体放在"V区"，让其细节层次得到最佳体现。这种方法适用于常见的情况，一般来说，重要物体往往是人脸等中灰色调事物，这样，暗的景物自然归入色调较低的"IV""III""II""I"区，亮的景物则落在"VI""VII""VIII""IX"区。这样景物中的亮暗部分都能得到展现。这样拍摄的曝光方法，就是对准主体进行测光，按相机或者测光表的读数拍摄即可。相机和测光表就是默认按照能够把物体表现为中灰色来进行曝光的。

下面我们就要开始"变阵了"。举例来说，如果我们拍摄的是一个白色的貂皮大衣，要把它的洁白展现出来，但又不希望完全失去貂皮的层次和质感，于是我们可以预想一下拍摄效果，应让貂皮大衣处于照片影像中偏白色但又有较好质感的"IX"区。接下来就可以让"八卦阵"旋转起来了，如果把被摄体放在"V"区，按相机的自动曝光拍摄就可以；如果我们要让同一物体来到亮一倍的"VI"区（数字越大代表越亮），则要增加一挡曝光，同样地，我们要让这个物体处于比"V"区高四级的"IX"区，就需要扩大4级曝光，因为$2^4=16$，所以"IX"区的亮度是"V"区的16倍。这样一来，我们就可以通过准确的定位，来进行曝光。

用同样的方式，如果我们拍摄心爱的黑色拉布拉多猎犬，想把它的黑色色泽表现出来，而不希望它变成"灰毛狗"，就要把它放在暗部中具有较好层次的"II"区，同时，将相机自动测光得到的以"V"区为标准读数的曝光数值减3级曝光完成。

八卦阵贵在"没有一定之规"，分区曝光法亦是如此，能够将主体表现得完美并不一定是好照片的唯一标准，我们还要参照照片的整体"氛围"来对曝光进行调整。例如，在天色比较暗的环境中，为了突出阴沉的效果，我们可以将曝光略微降一到两级。此外，如果画面中大量重要的烘托气氛的陪衬景物都处在纯白或纯黑的"X区"和"0区"，完全看不到的话，我们的照片即便有层次非常好的主体，同样也会大为失色。因此我们不妨适当增减曝光，让陪体进入"IX区"或者"II区"，这样主体虽然会损失一些层次，但亮部或暗部丰富细腻的细节会令画面整体效果好很多。

把罗马数字和阿拉伯数字放在一块算了这么半天，我们会渐渐发现，其实几乎所有情况下的曝光都是可以根据需要来进行推算的，无论怎样表现这一景物，都可以通过准确的运算来进行曝光，我们不仅能通过运算和经验预计到主体会有怎样的密度，也可以测算出，哪些景物分别会落在哪个区，被表现为怎样的影调效果。这样推算下来，我们理论上是可以在测光后就预先判断出将要拍摄到的整体影像效果的。

以上我们把照片的灰度分为11个区，是按照亚当斯的拍摄经验推算的，也就是说，是亚当斯所使用的胶片在他自己的冲印控制下创造出来的。并不是所有的胶片都能够准确表现11个区的差别，也就是说，不是所有的胶片都能够达到11个区的宽容度。一般来说，黑白胶片能够达到11个区，彩色负片一般只能达到10个区，彩色反转片则往往仅可表现出9个区，如果除去纯黑纯白不算的话，也就是只能表现出7级灰度的有层次影像，这7级亮度的差别为$1:128$（2^7），如下所示。

分区	0	I	II	III	IV	V	VI	VII	VIII	IX
亮度比例	(1/2)	1	2	4	8	16	32	64	128	(256)

分区曝光法并非像它的名字一样完全在于曝光上的控制。亚当斯的分区曝光法中还有一个重要的部分，就是后期的控制。胶片的宽容度往往还是比较大的，而相纸则要远远小于这个范围。因此，如果我们要用负片冲洗出相片的话，如何控制放大操作，使照片较好地展示出影像的细节层次、丰富的影调和足够的宽容度显得尤为重要。了解暗房操作的摄

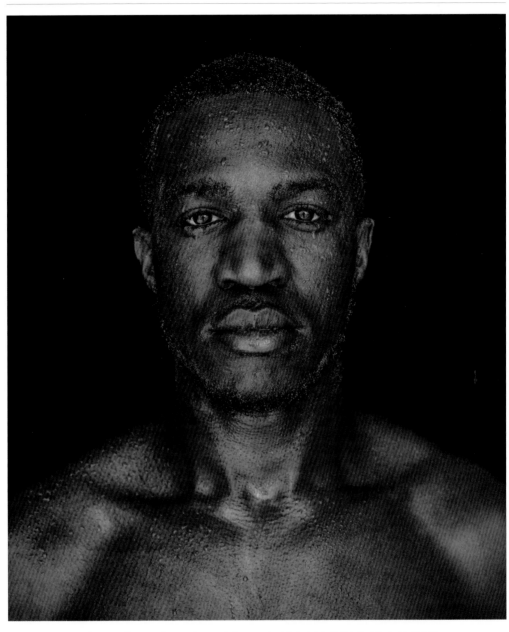

除了高反差场景，低反差时如果想强化质感，运用分区曝光法来指导曝光和后期处理也很有效。
光圈f/5.6，快门1/60s，ISO100【R】

影师都会知道，这就要涉及胶片显影药的配方、药温、显影时间、放大时的曝光光圈、曝光时间、放大显影时间，等等，多种技巧的使用。要想将这一系列流程都得到最佳效果，不仅需要长时间的实验使得操作过程精确无误，还要根据具体情况进行分析，根据胶片曝光的特点调整相关数值。

专家点评

举例来说，显影液的配方是可以影响胶片的宽容度的，同样的胶片，我们用常规方式冲洗，可能只有9个区，而如果是亚当斯使用他自己配制的D23显影液"亚当斯版"进行冲洗，则能够实现11个区。

要准确全面地把胶片"能有几个区""每个区影调效果如何"表现出来，一般要使用"感光特性曲线"。"感光特性曲线"是表现胶片所呈现的影像密度与曝光的关系的曲线。横轴为曝光量，纵轴为密度。我们用胶片拍摄灰阶，并将冲洗出的胶片上每一级灰阶的密度记录下来，再对应填到图中，就可以连成一条曲线。曲线的斜率就反映着宽容度的大小，也就是分区的多少。斜率越小，则同样密度差之间容纳的曝光级数就多，能够得到的区也就越多。

因为相纸的宽容度往往比胶片要低，所以它无法直接将胶片中记录的所有层次表现出来，在放大过程中，我们可以通过调整照片的曝光，从而让它反映出胶片亮部的层次，或者使其主要表现暗部的细节。而亚当斯不会就此满意，他要想办法保留尽可能多的细节，所以他会运用一些技巧，来让胶片的不同部分在相纸上的曝光量变化。例如他会减少密度过深的地方的曝光以保留暗部层次，同时也会适当对亮部单独增加曝光，以保证白色的地方能够得到更多影纹。通过利用这些放大时的曝光显影技术，他能够保留更大的宽容度。这样就能将胶片上需要的更多细节反映出来。

亚当斯的后期技术是使他成为一个传奇般的摄影家的重要因素之一。而到了数码时代，巨大的发展革新为摄影技术带来了翻天覆地的变化，不过，分区曝光技术的精髓依然成为数码时代指导摄影师拍摄和后期制作的重要基础。

位于约塞米蒂国家公园内的安塞尔.亚当斯画廊除了出售原作，还出售很多和他有关的图书

安塞尔．亚当斯画廊陈列的和亚当斯有关的书籍和画册

专家点评

　　一般来说，放大时适当减少一点曝光，增加一些显影时间，可能层次会更加丰富一些，当然这要在一定的适当范围内，否则照片会产生"灰雾"，蒙上一层灰色，反而使宽容度降低。

　　为了实验如何能够达到最好的冲洗效果，亚当斯做了大量的实验，总结出来非常多的方法，如硒质加厚、使用邻苯二酚显影、两液显影、控制搅动等，他几乎做到了可以任意压缩、拓宽影调。对他来说，冲洗几乎是可以与拍摄媲美的再次创作过程。通过后期技巧他甚至可以把前期拍摄失误的胶片调整成很好的作品。当然，最佳的后期制作效果仍然基于前期最准确、适当的曝光。

从明亮的云层中的太阳，到阴暗的山脚下的阴影，只有黑白负片可以容纳高达11级的反差，从前的KODAK
T－MAX胶卷甚至号称可以具备13级的宽容度。　光圈f/16，快门1/30s，ISO100【R】

分区曝光在胶片上的应用

1. 根据胶片设置不同的分区

黑白负片

　　黑白胶片的魅力时至今日仍然是任何数码器材所不能替代的。黑白胶片非常大的宽容度，彩色胶片都无法匹敌。使用不同的暗房调整技术还能够很好地调整影像的反差、颗粒、整体影调等。胶片的非线性感光曲线使得它更加符合人眼的视觉感受，影像质感也更胜一筹。

　　黑白负片与数字黑白照片相比，它可以使用扫描仪数字化，还可以使用传统的暗房银盐工艺。虽然现在的照片数字输出技术已经达到了很高的水平，很多大幅面照片输出系统也能非常高质量地输出黑白照片，从稍微远一点的地方观察两者可能并没有太大差别，甚至有的数字输出作品会更加吸引眼球。但是银盐工艺输出的照片魅力在于，我们能够非常近距离地去观察它的细节，虽然可能并不那么清晰，却与数字输出鲜明的墨点颗粒感完全不同，它更多的是充分地展示黑白胶片所特有的银盐颗粒感，整体的质感更好。而且由于暗房工艺的不可重复性，每一张作品也都不是完全一样的，每一张都有制作者的"灵魂"，是更加有生气的，这是无区别的数字影像所不能比拟的。

彩色负片

彩色负片主要用于照片的加工制作，它并非最终的拍摄结果，因此彩色负片能够比反转片记录更多的细节，宽容度也比反转片高出不少。彩色负片的有效宽容度可以达到7～8挡（黑白负片的有效宽容度经过一定的暗房处理甚至可以达到10挡）。彩色负片呈现负像，高光部分在底片上呈现密度较大，暗部在底片上密度较小，因此只要胶片扫描设备的密度检测值能够达到40D以上，就可以将负片的绝大多数细节都记录下来。

由于彩色负片不能够使用电分机电分扫描，因此在很长的一段时间中，印刷用途的照片基本上都是使用彩色反转片，并且在相当一段时间里彩色负片大多都是针对民用市场的。因此，在冲洗的质量方面也一直没有反转片冲洗那么高的水准，即便有高质量的冲洗服务，其价格也比较昂贵（接近于反转片冲洗价格），民用市场使用数量也相当少。因此，在相当长的一段时间里彩色负片一直被很多摄影人误解，还产生了反转片比负片更好、更专业的误区。其实负片的品质同样非常好，无论是在宽容度上，还是在色彩还原的性能方面，它都远远好于反转片，加上现在胶片扫描设备性能的提高，彩色负片的优势日益得以充分展现。

彩色反转片

反转片又名彩色正片或者彩色幻灯片，其最大的特点是呈现彩色正像，色彩鲜艳明亮，饱和度和反差非常高，并且它使用电分扫描，因此广泛应用在印刷领域。反转片艳丽的色彩得到了许多风光摄影师的喜爱，至今仍然有非常多的风光摄影师坚持使用反转片拍摄（更多关于反转片的内容，请参考我们出版的《兵书十二卷：摄影器材与技术》一书）。

虽然反转片的视觉效果非常好，但是它的缺陷也十分明显。首先，由于反转片的制造工艺和冲洗工艺更加复杂，因此其使用成本是很高的；其次，反转片的宽容度非常小，大多数产品的有效宽容度只能够达到5挡光圈，对于一些大光比的场景，反转片会受到非常大的限制，即便是能够使用，平衡光比的技术难度也不是所有的摄影人都能灵活熟练掌握的。相对于可以自由控制色彩并且宽容度很大的数码摄影来说，在绝大多数的题材中反转片都已经不能和数码摄影相匹敌。

2. 黑白滤镜

黑白胶片虽然仅仅显示出中性灰色，但是其乳剂确实会记录红、绿、蓝三原色，根据三色光到达胶片量的不同，胶片会呈现出不同的反差和影调质感，因此在拍摄黑白胶片时，用黑白滤镜调节场景的反差和影调是非常实用且可行的方法。

黑白滤镜主要有红、绿、蓝、黄4种色彩，根据其滤镜颜色密度的不同又分为不同的型号。

校正滤镜

黄色滤镜是黑白胶片的校正滤镜，因为黑白胶片对于蓝色光更加敏感，在日光或者白

下页图：黄色滤镜会吸收大量蓝光，本来是蓝色的天空与反射天光的河水在黑白照片中会变得更深。当然如果加上偏振镜，效果会更加明显。关于偏振镜的使用，请见《一本摄影书》相关内容。

色光源下拍摄到的影调比真实环境下的更亮，反差更小。通常情况下我们使用的是中黄滤色镜，它能让黑白胶片的影调和亮度与实际情况更接近。当然完全还原所见的影调并非就是很好的选择，因为在一些反差很弱的室内照明环境下，适当地增加一些反差对于细节的表现是更有利的。因此一些摄影师更加喜欢使用深黄滤镜或者黄绿滤镜，以得到比实际环境反差更大一点的效果。

反差滤镜

橙色滤镜、红色滤镜、蓝色滤镜、绿色滤镜都会对黑白胶片的反差产生影响，因此它们也统称为黑白反差滤镜。不同颜色的滤镜对于物体质感、天空的深度、肤色的影响都不同，它们不仅仅是改变影像的反差，更多的是使影像更加戏剧化。

红色滤镜是反差滤镜中效果最为强烈的一种，它会过滤掉除红光之外的其他色光。使红色景物的影调严重变浅，使蓝、绿、紫色景物的影调变深。特别是对于天空的处理尤为明显，蓝天变得更暗，如果使用深红滤镜效果更加明显，犹如黑夜一般。红色滤镜还是反差滤镜中反差最大的一种，因此它同时还兼具去雾镜的效果，在雾天使用红色滤镜可以减轻雾对于影像的影响。除此之外，红色滤镜还能起到增强蓝色线条稿和蓝色字体书稿翻拍效果的作用。

橙色滤镜是介于红色和黄色滤镜之间的一种，它可以明显增强红、黄色光并增强该色物体的影调。在拍摄人物时，人的肤色会显得更加明亮，整体效果更加强烈。在拍摄风光时，橙色滤镜能弱化远处风光中常见的空气浮尘引起的薄雾现象，增加其反差从而改善影像质量。

绿色滤镜多用于处理富有绿色的场景，比如花卉、草坪等。它能将绿色和黄色物体的影调变浅，使红色和蓝色物体的影调加深，因此绿色滤镜能增强自然界绿色色调的相互关系，起到相互区分的作用。实际拍摄中绿色滤镜能够使花叶、树叶、青草相互区分开来，整个影调层次更加丰富、鲜明、细腻。但是切忌使用它拍摄人像，因为它会使皮肤影调加深，让被摄者显得更加黝黑。

蓝色滤镜不会过滤掉光线中的蓝、紫光线，它们同样会使黑白胶片感光。因此它主要被用于风光摄影当中，能够使照片的雾感增强，使得远处的景物更加朦胧。

由于黄绿色滤镜能够过滤掉蓝紫光和部分红光，因此在户外拍摄人像时能够营造出更加细腻的皮肤质感。并且它的成像反差适中，非常适合黑白环境下人像的拍摄。

3. 胶片不可忽视的问题
增感和减感

所有胶片都有一个确定的感光度，但是这感光度并不是一定的，我们可以通过后期冲洗的增感和减感操作来改变胶片的感光度。不过胶片感光度的改变和数码相机感光度的改变有非常大的区别，数码相机改变感光度只是放大数字信号，从理论上来说它是不会改变图像的反差、影调等性质的。但是胶片不同，由于我们是通过后期冲洗加工来改变其感光度的，因此必须在显影时间上做出调整，那么必然使得胶片的反差和颗粒都产生明显的变化。

胶片感光度的改变对影像所产生的最大的影响是反差的改变，在基准感光度的基础上进行增感操作也就是提高感光度会增加影像的反差，与此同时增感还会较大程度地增大胶片的颗粒，但其程度却和胶片的乳剂结构有很大的关系。大多数新型微粒乳剂增感以后颗粒同样细腻，而老式的厚乳剂胶片增感后颗粒则会明显增加。但是从增感操作的可调节性来说，厚乳剂胶片却有着非常大的先天优势。例如TRIX就可以从标准的ISO400最高可增感到ISO3200来使用。而同样的是ISO400的TMAX胶片，厂家却建议不要增感超过ISO800。

对胶片进行减感操作会降低影像的反差。胶片减感和数码相机降低感光度也完全不一样，在数码摄影中感光度越低，其所得到的影像效果越细腻，这一点在绝大多数情况下都是适用的。但在胶片领域却不然，多数摄影人对胶片进行减感操作最大的原因是想通过增大胶片的宽容度，以保留更多的高光细节，减小环境光比过大导致胶片无法完整记录而对影像的影调层次的影响。通常情况下减感操作能够将胶片的宽容度最多提高两挡光圈，达到12级。如果在暗房放大的过程中对照片进行区域增减光技术处理，照片的宽容度还能进一步提高。我们常用的数字暗房图层叠加处理技术其实也是借鉴于这些传统的暗房操作。

反转片的测光和曝光

（本段原来是初版《兵书十二卷：摄影器材与技术》的一章，在后来的版本中因为整体风格的考虑删除了这一部分内容，现在我们把它加以修改，收录在本书中。）

摄影是艺术。

当然，你也可以把它当作一个技术活来看待，那样的话你会沿着技术的方向一直走下去。如果你认可摄影是一门艺术，那就要努力要求自己有所突破，有所创新。

很多入门时学习的知识只适用在一段正确的时间，死守它们会妨碍你进一步的提高。关于曝光，就是这样。

分区曝光法是曝光技术最重要的基础，它的诞生和胶片是息息相关的，其中最主要的原因在于，胶片的宽容度可容纳的光比，比现实生活中的光比小很多。

这里一个比较特殊的领域，就是反转片的拍摄。反转片是很多职业摄影师很喜欢使用的，而它的曝光需要相当高的技巧。

反转片的特殊之处主要是因为它可容纳的光比比负片的要更小。反转片使用标准的冲洗工艺，冲出来的"幻灯片"就是最终的结果，通常反转片多用于电分、印刷，后期制作的余地很小。当然，反转片也可以通过迫冲技术做少量的调整，但是除了特殊的情况，很少有摄影师愿意这么使用。

所以，对于反转片来说，曝光的时候，往往已经决定了你得到的结果，因此它对曝光技术有着比常规曝光高得多的要求。

在这里，我们提醒大家最首先要知道的东西是，使用反转片拍摄的曝光完全没有"正确"一说，只有"精确"与否。

1. 依然是最重要的能力——想象

虽然评论界对于安塞尔·亚当斯是技术大师还是艺术大师有分歧，但是分区曝光法依然是曝光上最重要的指导方法。此外，一定要活用分区曝光法，记住分区曝光法最重要的出发点是"想象"，也就是说，在按下快门之前，你应该已经很清楚这样曝光图片的效果是怎么样的。

当然，很多需要快拍的时候，你不会有很多时间像使用大画幅相机那样把所有的区想得非常清楚。那么，格外重视一下你要拍摄的主体、最亮的和最暗的部分，想象一下它们留在底片上的样子，会容易一点。

一张好的照片，通常曝光增加或者减少很少一点就会造成主观欣赏上感觉的巨大差异。但是"好坏"与否，完全是个人喜好的结果。而摄影者要注意的不仅仅是镜头里框住的景象是怎样的，更应该问自己，应该把它表现成什么样（事先说明一下，这并不涉及有意地歪曲事物本身的真实性）。

我觉得最大的问题还是用不好安塞尔·亚当斯所讲的：Visualize（预先想象）。曝光中，Visualize的运用是起码的。然后就是对所用胶片的了解。你要知道用怎样的曝光是你想要的基本效果，加1/3挡后会怎么样？再加1/3挡又怎么样？对于反转片来说，改变1/3挡曝光的效果差异是很明显的。特别对于一些情绪强烈的景色，曝光改变一点点所表现的感受差别是巨大的。如果能明白这一点，你的曝光就算入门了。然后你就会明白为什么被摄者的曝光数据是有弹性的。可以和你的照片玩一种类似朋友之间玩的官兵与强盗的游戏，那是很有趣的，如果仍不明白这个道理，说明你的曝光还处在较低层次上，不要忙着换什么相机，还是再重新学学曝光吧。

上页图：尼康FM2/T相机，AF28mm F1.4D镜头，富士RDPII胶片，光圈f/1.4，快门1/2s，增感至ISO400

在蜡烛或者炉火之类的东西旁边拍照的时候，一定要注意光源距离对于曝光的影响。所以最好在被摄者活动区域里根据不同距离用测光表先测几个数值，比如20cm、50cm和1m时，这样被摄者晃来晃去的时候你就知道怎么调整相应的数值了。

有几天我为了拍大昭寺的主供佛每天要很晚才能离开主殿。那时候几乎所有的朝圣者都已经离开了寺庙，但总有那么一两个人会留在寺庙里专心地为殿前长明的酥油灯加酥油、清理地面等。每次我见到总会拍上一些，其中这张是我最喜欢的。

首先，我喜欢他背景中记录的正在褪去的绚丽的晚霞，否则，这张照片只是一张技术上过得去的片子。我一向是喜欢那些在拍摄时加尽量多的环境的人物照片，更耐看。

其次，这张照片的拍摄难度是极高的。由于我坚持只拍摄自然的照片，坚决不摆拍，所以这样的照片就比较难拍好。因为他们在不停地运动着，光线又差，需要拍很多张才能比较有把握拍到一张技术上能过关的片子。

同时，这张照片的快门速度很慢，因为一直是在拍运动的东西，也没法用三脚架，所以是手持拍的。这样，也就需要我拍大量的照片，试着从中间找到成像尽可能好的。我要在这里说明一点的是，对于影像来讲，有，首先就没有强，然后再考虑怎么能让它更出色。所以，即便在最困难、最不可能拍摄的情况下，只要你觉得这个影像有意义，就一定不要收起你的相机。而我之所以要强调摄影技术必须不断提高的重要性，也就是因为它可以让你在别人看起来不可能拍到照片的时候拍出好的照片。

下对页图：富士VELVIA(RVP)反转片，康太时G2相机，90mmF2.8镜头，
光圈F11，快门1/125s，ISO100

2. 最重要的基础——标准化

前面说过，反转片的曝光一定要精确，摄影师要精确地传达自己对于捕获的影像的理解。遇到的第一个问题就是标准化。

从技术上要保证可以控制影像的曝光，建议你对自己相机的快门速度心中有数，如果相机是机械控制快门的，特别要注意最快一两挡和1/60s以下的几挡。随着时间的流逝，很多专业顶级机的最高快门都不太准了。

如果你没有时间经常测试各种胶片的话，尽量使用一种胶片。而且每一批乳剂编号不同的胶片都会有轻微的差异，不光在感光度上，在色彩还原上也是如此。

还要校正的当然包括机内测光表。隔几个月要试着比较一下相机的测光表和独立的测光表有多大的差别。拿到拍摄的反转片之后也要留意一下有没有明显的曝光误差，如果有，就要分析一下原因。

3. 最值得投资的装置——入射测光表

独立式测光表，即入射测光表，是拍摄反转片的爱好者必备的装备，因为拍摄胶片没有直方图可以看。

当然，你不一定要自己买一个，可以从周围的朋友那里借一个，用几个月的时间，在各种复杂的光线条件下利用它来实践分区曝光法，会使你提高很快。

入射测光表非常有用，这里要说的一点是，即便不能接近被摄体，只要入射测光表接收到的光线和主体一致，你依然可以信赖它的数值。

另外，入射测光表从使用的比例来看，远远比点测的重要，而入射测光表很便宜，这真的是摄影师的福音。我自己很喜欢世光（SEKONIC）300系列和德国高森（GOSSEN）的一些入射测光表，体积很小，但是很精确，而且价格便宜（1000元左右）。有些厂家也生产

SEKONIC L-398A

GOSSEN Digisix

下页图：康太时G2相机，Carl Zeiss Hologon T*16mm镜头，光圈F8，快门1/125s，富士RVPj胶片

怎样得到这样的曝光？当然，使用点测光方式也是可行的。但是我拍摄这张照片之前已经在屋外拍了很多张，所以在拍这张照片的时候，我放弃了相机里的测光，而是按照刚刚在屋外阳光下的曝光数值，F16，1/125S，所以这张也用了这个数值。如果太阳照在外面的时候是某一个数值，它落在室内的时候当然也是一样的——要注意，条件是没有经过玻璃或者其他的遮挡。

这样的照片使用AE加曝光补偿的方式是很难达到理想效果的。因为光比太大，而且亮光部分占据的面积难以判断，所以很难估计使用曝光补偿的数值。

所以，了解当时光线条件下的基本曝光数值是重要的。要养成习惯，注意拍摄环境光线强度的变化。常常，手动曝光还是很有用的。

拍照片时没有用点测光，因为很多好相机没有这项功能。身边虽然有点测的测光表，但是太费时间。

一些传统的、指针式的测光表，但是出于精确的目的，推荐使用反转片的摄影师常用的数字式测光表。

4. 最信不过的装置——机内多区测光

机内测光其实是一个很复杂的事情，即便机内点测很有用，但是依然需要你有丰富的经验，使用多区测光更增加了曝光的困难。有些相机的多区测光甚至使用了把画面切割成几百个区的方法，我很怀疑它的必要性。

严格来说，多区测光是建立在拍摄一张"过得去"的照片基础上的，你很难精确控制最终的曝光效果。

一些使用反转片的摄影师甚至认为："永远不要相信机内测光，一定要进行补偿"。

当我拿到一台新相机的时候，我会使用它的多区测光拍摄很多试验性的照片，尽可能地了解它在各种复杂的光线下效果的差异，然后得出一个很模糊的结论，关于它和我拍摄习惯上有多大的差异，在实际拍摄时候会有一点帮助。

除非你极端对曝光没有把握或者需要急拍，其他时间尽量不要使用它。

5. 观察各地光线的差异

世界各地的光线条件都是不一样的，中国各个地方的光线条件也是不一样的，光线的强弱、云层的状况、大气的通透程度都影响着曝光，尤其是漫反射光对阴暗面的影响。所以每到一个地方要先仔细观察那里的光线是什么样的。其实这和胶片的选择和冲洗都有关联，和最后成片的整体感觉也有关系。所以很多照片一看，我们就可以判断出它是在哪里拍摄的。

要特别留心阳光直射和阴影之间的曝光差异，这个数值对实拍很重要。

康太时N1相机，17-35mm/2.8镜头，光圈f/2.8，快门1/8s，RDPIII胶片，EI400

6. 反差特别大的时候

反差过大的时候不要企图把眼睛看到的所有细节都拍下来，一般反转片大概可以记录4~5级。所以你根本不要考虑有可能把所有的东西都拍下来，而要考虑什么对你最重要，是亮部的东西，还是暗部的东西。我喜欢关照亮部的东西，把暗部变成一片漆黑；反过来当然是可行的，但是亮部会变成一片死白，而白色的东西很容易干扰视线。当然，这是我的个人技巧，不是一定之规，你可以按你喜欢的方式处理。

7. 学会曝光补偿

程序曝光和光圈优先模式越来越多地被摄影者在实际中采用，因此，很多时候曝光补偿的运用会成为曝光是否成功的决定性因素。

我个人的经验，在使用程序曝光或者光圈优先模式拍摄反转片的时候，大约90%的图片是需要进行曝光补偿的，不需要补偿的情况，很少。当然，这是在上面说的"精确曝光"的前提下，有些摄影领域或许是不需要那样精确曝光的，特别是在影像力量远远大过技术环节的时候，比如，尤金·史密斯或者罗伯特·卡帕的很多片子，你会认为曝光增加或者减少半挡会对我们观看的效果产生多大的影响吗？不过，现在不是我们讨论这个问题的时候。

而曝光补偿具体调多少，实际是和上述很多因素的比例以及程度相关的，需要你在拍摄中不断积累经验。AE本来就不能帮你彻底解决曝光的难题，只能让你在操作上更方便而已。所以，在曝光中，经验是重要的。

当然，和不同相机的测光方式也是相关的，使用不同的机器要积累不同的经验。

8. 包围曝光依然很重要

包围曝光很重要，即便在你可以毫无困难选择曝光数值的情况下，也可以考虑它。

在影棚里拍摄的摄影师不需要包围曝光，因为他对于灯光的效果已经完全了解，只要保证所有的灯光都不出问题，曝光就不会出问题。

但是，在户外拍摄可不是这样，特别是使用反转片的摄影师，即便使用大画幅的器材，也有必要使用包围曝光。

因为曝光直接关系到情感的传达，很多好的风光照片，曝光再欠半挡或者过半挡会带来完全不同的效果，而通常它们都很出色。有些人喜欢暗一点的含蓄一点的效果，而有些人喜欢更清爽明朗的风格，这都可以理解。

我觉得随着反转片使用的增加，包围曝光的使用似乎是必需的。

有些人不知道是不是舍不得胶卷，总是在批评包围曝光浪费，其实用包围曝光是非常经济的，你想一张好片子复制一张要多少钱，当时多拍一张是多少钱。另外，我是学财务

下对页图：康太时G2相机，Carl Zeiss Hologon T*16mm镜头，光圈f/8，快门1/125s，富士RVPj胶片

出身的，深谙一个道理：比之昂贵的路费、时间、身体的消耗，胶片则最便宜。大量的场景和瞬间你一生中可能只见到一次，为什么不让它更保险并尽善尽美些呢？

另外，我觉得曝光大概有这么几个问题。

第一，要考虑什么是visualize，怎么做到比较正常的曝光，既展现眼前的景物又能和胶片相配。

第二，如果增加或减少不同数量级的曝光，图片表现出的气氛和情绪有什么不同，这种差异有时是非常巨大的。

第三，这些不同的气氛和情绪与图片的主题相加会产生什么样的效果？哪种是你想要的？

第四……

第五……

这么多的问题，别说人脑，就是电脑也算不过来。有人说：我有直觉。我相信。但直觉一生能有几次，是时时能保证的吗？全靠直觉用那么高级的相机干吗？不就为了尽善尽美吗？

所以解决的方法是可以考虑试试用包围曝光，回来再挑片。

9. 尝试使用反常的曝光

记住，一张令人愉悦的照片不一定是一张好照片，一张曝光上无懈可击的照片未必是成功的曝光选择。我们都知道欠一点的曝光看起来会"闷"，过一点的曝光可能会"浅"。那么如果多欠一点或者多过一点会怎么样呢？不会更完美，但是可能会更有滋味。

而实际使用中，曝光的确定也常常和题材的选择联系在一起，不要把每张照片都拍成去参加沙龙比赛的感觉。

还是那句话，摄影是关于影像的艺术，不要恪守你所学到的任何关于摄影的教条，有所突破是最重要的。

下页图：康太时G2相机，Carl Zeiss 21mm F2.8镜头，光圈F5.6，快门1/30s，富士RDPIII胶片
　　这张照片借鉴了相机机内测光数值，并且做了曝光补偿。通常如果使用AE曝光，80％以上我都会使用曝光补偿。这张照片我放弃了高光的细节，增加了暗部的曝光，这样阳光照射到的地方就变成了死白一片，但是并不影响整张照片的效果，所以曝光是很主观而且灵活的东西。

第8章 分区曝光在数码系统中的应用

"沿着高速公路向南开，快要到达赫南德兹（Hernandez）的时候，我看到了一幕奇景。东方正有月亮升起，挂在远远的云层和积雪的山峰上，西边有傍晚的夕阳，半隐半露在一列朝南流动的云层上，透射出闪亮的白光，映照在教堂墓园的十字架上。我把旅行车转到路边，跳下车来，赶忙抓起摄影器材，嘴里还不停对麦可贺赛区克大喊："拿这个！还有那个！快啊，没时间啦！"相机架好，取好景，对好焦，却找不到我的魏斯顿测光表！身后的夕阳眼看就要沉到云层后面去了。这时，我突然想起月亮的亮度是每平方英尺二百五十烛光，我就把这个数值放在曝光刻度的第七区（Zone Ⅶ）。加上雷登（wratten）的 G（15 号）深黄滤镜，曝光设定在 1s，f/32。至于前景阴影的数值就没办法抓得准了。拍了第一张后，我飞快地将 8×10 底片匣反转过来再拍一张，因为我隐约知道我拍到了一张非常重要的照片，而重要的照片却最容易出意外或受损。就在拍完的刹那间，太阳光已经偏离了墓园的十字架，那神奇的一刻就此一去不复返。

虽然按下快门时，知道这会是张很特别的照片，但我可没想到它会那么受欢迎，数十年不衰。"月升之时，赫南德兹，新墨西哥州"（Moonrise，Hernandez，New Mexico）成了我最知名的一张照片。我收到为这张照片写来的信，不可胜数。

我要在此重申，"月升之时"绝不是双重曝光拍出来的。

拍得"月升之时"后的几年，我在冲洗相片时，都会留下天空上方的那几片云影；在我的观想中，天空应该是非常深的色彩，而且几乎没有一片云影。但直到20世纪70年代，我才选出一张和当初观想几无二致的相片，而我最初观想的影像，到现在都还历历在目呢。

——《亚当斯回忆录》

下对页图：越是光比大、曝光复杂、需要后期处理介入的场景，越是需要分区曝光。
光圈f/16，快门15s，ISO100【R】

前面我们已经提到分区曝光不仅可以指导胶片的拍摄和传统相纸的印放，也是数码时代摄影曝光的重要理论依据。

所以，在数码时代，"预想"依然是确定曝光最为关键的一个部分。把人"预想"中的图像最终转换成照片，需要整个摄影系统的支持。

"预想"告诉我们最后想要的结果如何；"前期拍摄"与"中期冲洗"相互结合得出最为理想的曝光和冲洗的方法，以得到记录下满满细节的底片；"后期放大"更具有"预想"的效果，将底片上的细节分门别类地放大在相纸上，或许暗部需要增加反差、或许亮部需要提高亮度，这一切的暗房技法都是围绕着"预想"来进行的。

对于胶片摄影来说，分区曝光是一个协同处理的过程，其间一环扣一环，不可以分隔开来，这中间包括："预想"、前期拍摄、中期冲洗、后期放大。在数码时代，其实原理是一样的，只是冲洗和放大工艺改为使用数码后期技术了。所以，职业摄影师会认为胶片中的暗房技法依然是当代数码后期处理的依据，很多技法都只是将化学的反应过程通过数字计算的方式将其在数码领域实现的。

前期拍摄部分

对于数码相机来说，分区的多少就不太容易估算，不同公司开发的CCD和CMOS之间本身就存在着不同，技术的发展又会给感光元件的记录能力带来拓展。我们现在一般认为，高级CCD的数字影像影调记录的能力介于彩色负片与彩色正片之间，也就是在9个区至10个区之间。当然，一些公司开发的特殊CCD要比这一数值高一些。而现在有些高级CMOS数字影像影调记录的能力已经可以达到14个区，甚至更高。

正如传统摄影中暗房操作的重要地位一样，数码摄影的另一大重要技巧就是后期软件的使用，后期软件功能全面而强大，人们感叹其为"数字暗房"。其实软件的调整已经比暗房工作灵活很多，但它的基本思路仍然是不变的——我们先要有预设的想象，然后利用软件让影像更接近于我们想要的效果。

首先可以调整亮度、对比度、色彩平衡等基础信息，就像放大时要进行增减曝光、加色片这样的工作一样。

如果要更加精确地调整影调，我们还可以按照影像的直方图来调整。直方图显示着每一个灰度的像素有多少，也就是每一个"区"中记录下了多少信息。通过调整我们可以使照片的影像集中展示像素较多的部分，让影像细节丰富的部分得到最好的表现效果。有些照片中，整体效果"灰蒙蒙一片"，高光、暗部的部分已经只有很少的像素数，我们可以将它们忽略掉，让照片集中表现中间的部分，这样，照片效果就会显得反差比较大，更加明快、锐利。

我们甚至还可以直接调整影像的感光特性曲线。在感光特性曲线中可以任意打点进行调整，增加或者降低某一个分区的密度，使其更加符合整体效果的需要。也可以调整整条曲线的形状，让不同的部分拥有不同斜率的曲线。这就像把几张曝光不同的照片最好的影像部位拼在一起成为一张作品，相当于让一个人兼具福尔摩斯的智慧、史泰龙的体格和圣雄甘地的伟人气魄。

以上这些通过软件进行的数码后期处理，基本上都能看出传统暗房调整的影子，基本目的也是相同的，将前期曝光得到的影像加以调整，尽可能丰富影像的细节、层次、质感，使其影调更接近我们预期的效果。

专家点评

　　需要注意的是，每一步后期调整都会或多或少地影响影像的质量，所以我们需要在理想效果与影像质量当中做出选择，有时这个选择是无法回避的，例如景物光比过大时，我们只能通过后期调整缩小反差。所以我们一直强调一定要拍摄RAW格式的照片，后期调整带来的负面影响会更小。

　　设备技术的发展一直是与拍摄技术的成熟同步前进的，优秀的摄影师不会坐等技术进步，而是坚持将设备的表现力发挥到极致。经过不断的拍摄、反复的尝试，摄影师们会清楚地了解相机的成像能力。无论所使用的相机允许记录下多少个区的影像，他们都能够将相机的最大潜力发挥出来。

　　"八卦阵"的最高境界是"看似无阵""心中有阵"。摄影师对于设备和影像的了解，会使他的拍摄出神入化。优秀的摄影师都会对自己的照片有一个预判，几乎可以在拍摄之前通过测量和预判想象出完成后的照片效果，可以说是在头脑中模拟进行一遍拍摄的所有程序，再得出最后的效果，并且最终要证明其与真实的结果是相符的，真正像郑板桥一样"胸有成竹"。这种对拍摄效果的全面把握，并非完全中国式的哲理，其实也是亚当斯一直追求的境界。要达到这种境界非常难，我们可以尝试在拍摄中预想一下照片中每个区各有怎样的影调层次，然后将拍摄后的照片与自己的想象做个比较，看看是否完全一样。亚当斯也仅有有限的几次喜出望外地发现拍摄效果与他头脑中的景象完全一样。

光圈f/2.8，快门1/15s，ISO320

1. 分区曝光法在数码中所想要达到的目的

分区曝光法无论在胶片时代还是在数码时代，究其根本还是希望通过使用这种切实可行的方法，将前期拍摄与后期的冲洗或者RAW文件的调整处理两个部分相互串联起来，从而通过这一方法实现拍摄者在拍摄时所"预想"出的照片影调。

影调是对于图像的综合叙述，它由光影变化而构成，来源于音乐，在光影的变化中无处不体现出音乐般的韵律。在摄影中影调又被称为基调，它是整个照片在光影中的基本感觉，包含了画面的明暗层次、虚实对比、色相明暗等关系。影调同样也是烘托气氛、表达情感的重要表现手段，是物体结构、色彩、光线效果的客观再现。好的照片一定是能够反

分区曝光法可以帮助你运用宽容度比较小的数码相机记录下更丰富的细节。
光圈f/5.6，快门1/3200s，ISO400

映出拍摄者当时所思所想的，这些情感都需要通过照片的影调来传达。分区曝光法可以帮助我们更好地结合现场光影去实现心中所想。

由于胶片的后期调整控制的空间相对较小，因此拍摄照片时需要的是尽可能地在不需要过多暗房处理的情况下拍摄出影调优美的照片，这就意味着胶片摄影更多的是需要探究如何一次性地达到所希望得到的影调效果，而这样的概念在数字时代被彻底颠覆了。数码摄影在后期的可控性和可复制性方面都远远地强于胶片摄影，因此拍摄数码照片时更加注重如何将客观场景中所需要的影像细节记录下来。得到了足够多的影像细节，才能更加方便地在后期调整过程中制作出与自己"预想"相符合的优质照片。

2. 为什么需要使用分区曝光法

首先我们要明白一点，在实际拍摄时数码相机是很难将所有的细节信息都记录下来的。镜头分辨率和相机分辨率性能暂且不谈，就说曝光，其实很大程度上是由于数码相机的宽容度大大小于人眼的宽容度。宽容度指的是能正确容纳景物亮度反差范围的能力，能记录下的亮度反差越大，那么宽容度也就越大。前面我们讲过，如果将照片中所显示为纯黑色的像素点的亮度值表示为1，并且将这个纯黑色部分定义为第0级，那么比这个点亮度值高一倍的像素点2就比纯黑的点高一级，以此类推，那么比纯黑点实际亮度高1024倍的点就是第10级。也就是说如果能将一个光比为1:1024的场景正确地还原出来，那么就至少需要有10级的宽容度才能够实现。

在现实生活中，大多数场景的光比都远远高于1:1024这个值。用数据说话，例如：当太阳与景物同时出现在一个画面中时，太阳本身的强度大约为1 000 000 000cd/m²，阳光照射下的景物亮度则可以达到100 000cd/m²，它们的光比就高达10 000:1。当拍摄一个窗外阳光照射下的景物时，它和室内物品的光比可达100 000:1。人眼的宽容度相对比较低，但是单次最多能识别光比也可以达到10 000:1。那么从理论上来说，要将上述所有的细节数据都记录下来，我们的相机就至少要达到14级以上的宽容度才可以。但实际上人眼的宽容度是远远高于14级宽容度的，那是因为人的视觉系统具有一定的动态适应性，当肉眼看到一个光比非常大的场景时，它会本能地对高光部分产生抑制，压缩高光影调。因此当用肉眼看窗外景物时，纵使其光比很大，我们仍然能非常清晰地看到室内的细节，这是现阶段任何一种摄影器材都不能达到的。人心里"预想"的影调在很大程度上都会受到所见景物的状况的影响。那么学会运用分区曝光法尽可能多去选择记录下所想要的影调细节，将宽容度的劣势对于影像的影响降到最低就显现得尤为重要。

3. 数码摄影场景的曝光分区
宽容度（动态范围）

在介绍数码摄影拍摄分区方法之前，我们首先需要了解的是自己使用的数码相机的宽容度是多少，这里不妨做一个简单的测试测定一下。使用你的相机按照点测光所给出的数据拍摄落在均匀光照下的标准灰卡，检查直方图确保像素数据应该都集中在正中间的位置，如果不在正中间，那么请检查灰卡是否受到其他光线的影响。以这张照片的拍摄数据为基础，在光圈不变的情况下，增减曝光各按照一级曝光量为单位拍摄8张照片，截取中间光线最均匀的地方，放入Photoshop里做成一个灰阶图，并且用吸管工具抽取其灰度值做对比。

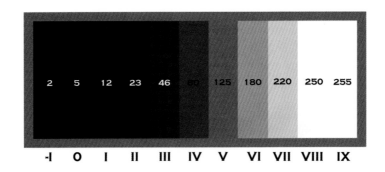

上图为笔者测试的1DS MARKII相机的宽容度，实际测试中显示此相机的实际宽容度为11级。同时还可以看出这台相机能够记录V区向下6级的曝光数据，以及向上4级的曝光数据。也就是说数码相机能够记录更多暗部的信息，但是对于高光的记录则要差一些，因此当我们拍摄时应该更多地注意保留高光部分的细节数据。数码相机拍摄出的原始照片仅仅只是我们需要的数据而非"照片"，只有这样我们才能为后期调整留下更多的制作空间，最终得到一张制作精良的照片。

对于低反差的场景，只需要按照正常的操作准确曝光就可以了（记得我们前面讲过直方图了，对不对）。当遇到大光比高反差的场景时，首先应该分析此场景的高反差属于以下哪一种情况。下面是经常遇到的几种情况：

a.画面中有一个光源，造成了大光比，而我们需要表达的信息处于暗部，那么仅仅需要将V区放置于暗部测光便可，高光光源的细节信息可以直接丢掉，因为它对于照片的好坏没有任何影响。如果还想保留一点高光的层次，那么可以在保证暗部细节被记录下来的情况下将V区的位置放置到IV区，待后期调整时再将暗部的影调扩张、高光的影调压缩，从而得到一张影调优美的照片。

b.如果画面中主要的信息都在亮部环境，一小部分的细节在阴影的角落中（比如说拍摄日光下的拱桥），这时我们可以根据亮部环境中景物的反差来确定，假如景物的反差已经很大，那么就只能将V区放置于重点需要表现的地方，细小的暗部细节只能舍去；假如被摄物的反差并不是很大，那就可以尝试将曝光提高一到两挡，将原本放置于V区的放置到VI甚至VII区，然后在后期调整时降低反差并将高光影调扩张以降低高光区的曝光，从而得到一张暗部和高光细节兼备的照片。

c.如果场景中的细节信息同时分布在暗部和高光区，而且都是希望记录下来的信息，那么可以使用机内的点测功能分别对高光区和暗部测光，预估一下光比大小，如果光比在宽容度能够容纳的范围之内，那么可以将高光部分优先放置于VII区或者VIII区，拍摄一张照片查看一下直方图看暗部细节是否有丢失，如果有丢失那么可以适当稍微增加曝光，再将照片通过后期调整降低整体反差。如果光比已经大大超出了宽容度的范围，那么只有尝试是否可以使用渐变滤镜或者闪光灯补光这样的方法来平衡光比。当然，还有一种方式是使用包围曝光，将暗部和高光细节都记录下来，然后再使用后期技术——比如HDR（高动态）——来解决，当然，这只适用于固定场景，可以使用三脚架拍摄的情况。

影调与"预想"

"预想"具体来说是拍摄者内心对于一张照片的心里写照，它是拍摄当下所看到的场景和拍摄者拍摄经验以及主观想象的综合输出。"预想"在很大程度上是一位拍摄者的创作的思想源泉，而影调则是将这一内心虚拟影像实体化的重要工具。如前文所说影调是图片所体现出的一种综合的感觉，由拍摄者的创作意图以及表现手法决定，拍摄者的拍摄角度、用光方法、取景范围都会对它产生影响。影调没有一个客观的固定值，它直接作用于人的心理，同时也由人的心理所影响，究其根本，影调就是拍摄者与欣赏者之间的心理对话，通过影调拍摄者得以将自己心中"预想"出来的图像连同其蕴含的情感或者思想一同传达给欣赏者。

影调与"预想"密不可分，无论分区曝光法是运用于胶片摄影还是数码摄影，都是为了实现对它们的准确诠释和表现。

根据"预想"确定照片的理想曝光方式

前面讲过，曝光的方式对于"预想"的实现是非常重要的。"预想"中的影调是高调或者低调，是硬调还是软调，都和曝光有着非常直接的关系。多数情况下不同影调的实现都需要拍摄时对第V区放置的位置做调整，例如拍摄高调照片，整体的细节都集中于中间调与亮调部分，因此我们需要将第V区放置于暗部硬调处，这样整体的曝光都会向高光部分偏移，亮部的细节得以在拍摄时就可以达到很好效果的场景，我们应当尽可能地在前期拍摄的时候就将其完善，毕竟后期的调整处理或多或少还是会对原始影像造成一些损害的，即便损害很小，但当将照片放大到一定尺寸的时候，小问题同样会演变成不可忽略的瑕疵。

精确地控制曝光以求前期拍摄和后期调整与人的想法和谐统一，这是分区曝光法在数码摄影中存在的价值。

后期调整部分

后期制作在数码时代是不可缺少的功课，这是因为我们使用RAW格式拍摄的照片，仅仅是相机所记录的最原始的数据。这些数据包含了足够多的影像信息，有时候它甚至记录的比人眼看到的要更清晰、细节更多。但是它可能并不够好看，甚至让人非常沮丧。这很大程度上是因为数字感光器的原理所致，数字感光器的任务是要记录足够多的信息，而且仅仅只是记录下来。而人的视觉系统是有倾向性的，我们可能会对高反差、高饱和度的画面产生更加浓厚的兴趣，而对于色彩暗淡的画面本能地不关注。很多时候当我们回忆起过去所见到过的美丽场景时，所想象的蓝天可能比当时的蓝天更蓝，所想的植物比当时的绿色更绿，这和我们自身的心理作用不无关系。

光的美学中的后期知识，是教授大家如何将数码相机所记录下来的数据，通过后期软件的调整变得更加接近于我们心中所爱、所要想的那个场景，并不是要创造一个崭新的世界或者根本就虚无缥缈的场景，只是要把所记录下来的那个世界变得更加美丽。

1. 色阶

什么是色阶

色阶是表示图像亮度强弱的指数标准，同时我们也称为色彩指数，它决定了图像的色彩丰满度和精细度。在数码相机和数字后期软件中我们使用直方图来表示色阶，照片的直方图的横坐标表示的是亮度，纵坐标表示的是图像的像素出现的频率，一个直方图表示的是一种色彩的分布信息。因为照片采用的是RGB色彩空间存储，因此数码照片的色阶由红、绿、蓝三色直方图同时显示在同一个坐标系中来表示，这个直方图就是数码照片的色阶图。

在后期软件中，我们通常将色阶直方图的横坐标划分为256个等级，从左边的0等级（纯黑色）到右边的255等级（纯白色）。纵坐标可以显示出某个亮度下像素的多少，因此在色阶直方图中我们可以看出图像的整体反差、整体的曝光程度、每个亮度下的色彩倾向、是否损失暗部或者亮部细节等。虽然色阶直方图并不能够体现出图像所有的信息，但是真正读懂了色阶直方图才能为我们分析图像打下坚实的基础。

花絮：数码摄影与直方图

直方图听起来是个过于复杂的概念，拍摄时似乎不知道它也无所谓。但是，在数码时代，直方图的到来的确是让很多摄影师欢欣鼓舞的事情。

① 认识直方图

直方图是表现照片曝光效果的，它表现为柱状图或曲线图。例如我们用100万像素的相机拍摄一个半黑半白的图形，那么图表上会在横轴黑的部分显示50万像素，白的部分显示50万像素。当然这只是理论上的解释。一般来说影像中的像素会相对均匀地分布在各个密度区域中，当然，各个区域的像素数有多有少，由此可以看出画面不同的影像风格。

在胶片时代，摄影师们也非常需要画面的曝光信息，以判断自己的曝光是否精确。但他们只能把所拍摄的胶片冲洗出来后，再用密度测试仪准确地测量出各个部位的密度，然后判断分析各个区域的密度表现情况。当然，他们也很难知道每个挡位的密度在画面中占有百分之几。但他们仍然需要用这些准确的信息来判断自己的曝光与胶片的宽容度的关系，寻找最佳的层次表现和最好的质感。这些工作通常都要在拍摄后一两天左右的时间才能完成。

数码技术将这一时间压缩在几分之一秒。通过这些信息，你能够轻易地准确判断自己的曝光情况。

② 直方图与反差

首先，如果像素数都集中在相对直方图的边界以内的区域，两侧的"纯黑"和"纯白"部分的像素数比较少，曲线形成中间如山峰般绵延起伏，而两侧逐渐降低，直至图表两端降至接近"0"。这样的画面比较理想，画面中不会有"死黑"或"死白"的区域，无论哪个部分的影调都能够保留一定的层次。

而如果曲线中间很低，向两侧升高，最终在图表的两端形成"溢出"。这证明画面中"纯黑"部分和"纯白"部分有很多像素。这样画面中就会形成纯黑色或纯白色的区域，景物如果处于这些区域中，则无法分辨细节。当你发现这种直方图时，证明你所拍摄的景物反差过高，已经超过你的CCD/CMOS的宽容度了。这时要得到更好的效果，就需要想办法进行补光了。

而如果直方图上的曲线过度集中于中间的一个部分，则证明景物反差过低，你需要调整拍摄方式，让景物的亮度拉开差距，使画面不至于太过平淡。

③ 直方图与曝光失误

其次，通过直方图还可以判断你是否存在曝光失误。如果直方图显示所有像素都趋向于图表的右侧，也就是集中于偏"白色"的部分，那么显然，曝光过度了。你需要适当降低曝光值。同样，如果直方图中曲线的波峰在左侧，证明大多数像素集中在偏黑色区域，此时曝光偏于不足，需要适当增加曝光。

直方图可以让你对所拍摄的照片有非常理智的分析，任何问题在直方图中都会显露无遗。曝光是否过度？过度多少？反差是否太大？需要补多少比例的光？通过直方图分析，都能够得到最准确的答案。它的存在让你的艺术创作多了技术和精确分析的支持，就像赛车手有了一位优秀的机械师的辅助，可以让他对车况了解得更全面，从而大大提高成绩。

④ 比显示屏更"可靠"

此外，直方图的显示还可以让你摆脱显示屏亮度不准的问题。我们经常会发现拍摄的效果在显示屏上看时或者冲洗出照片后，明显和在取景器中看到的不同。往往在显示屏上看到的效果曝光正常，在计算机上却发现明显偏暗。当然，这时你需要对比计算机调整好相机的显示屏的亮度。但你会发现，在室内对着计算机调节好的显示屏，走到户外明亮的阳光下时看起来会显得非常暗。

这时只有直方图是值得信赖的，曝光的数值在直方图上显示的是你拍摄得到的最直接的数据，不会受到环境影响，因此有时对于摄影师来说，它比看到的影像更具有"真实性"。因此他们总是会让直方图与画面同时显示，这样就能够得到更全面、清晰的曝光信息。

如何通过色阶直方图判断曝光质量

一张好的照片并没有一个确切的曝光的好坏之分，对于不同题材、不同情感的照片，它对于影调的追求与色彩的掌控都是有非常大的区别的。比如，当制作一张人文题材的照片时，为了诠释比较严肃的题材，我们经常使用高反差的处理手法，为的是让整个画面更加凝重，将一些细节更加凸显。为了达到这样的效果，很多时候甚至需要牺牲掉很多的高光和暗调的细节，虽然这样的画面可能不能称为精美绝伦，但足以震撼人心。不同的是，如果我们制作的是一张精美的风光片，那可能就需要对每一个细节都考虑周全，尽量保留更多的每一丝可以保留下来的细节，将这些细节更好地展示出来，这样才能将真正地展现出风光的瑰丽。

根据具体的要求我们对于图像的处理都不一样，但是学会通过色阶直方图判断曝光质量却仍然是非常重要的。在胶片时代，我们要得到所需要的影调，很多时候都需要特殊曝光方法和独特的暗房技术才能够达成。比如当我们想要将一个高反差的场景全拍摄在一张底片上，而底片的宽容度不能够达到所需要求时，摄影师常常使用增加一到两挡曝光量，同时冲洗时再采用N-1或者N-2的显影方法进行冲洗的方式处理（N-1或N-2指的是在标准显示时间之上减少15%到20%的显影时间）。但使用数码相机拍摄照片时，我们需要考虑的是如何记录下更多的信息，因此采用的曝光方式又不太一样。通过查看色阶直方图我们能够非常直观地观察图像的信息是否都记录下来，是否有信息因为过曝或者欠曝而溢出丢失。

如何解读色阶直方图

① 均匀型

从直方图上看，数据并没有超出坐标系的范围，那说明照片在高光和阴影部分没有数据损失，比较均衡的曲线图说明在照片的各个亮度上的数据量是差不多的，照片的对比度和细节保留都很好，是照片最理想的状态，从画面上看这样的照片在技术上是比较完美的。

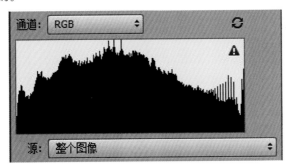

直方图数据分布均匀

② 单峰型

照片具有一定的倾向性并且反差较低，如果波峰位于亮调部分，那照片的影调比较倾向于高调；如果波峰位于中间调，那么照片的影调比较平缓，反差较低并且柔和；当波峰位于暗调区域，照片的影调属于低调，整个氛围会比较阴沉。

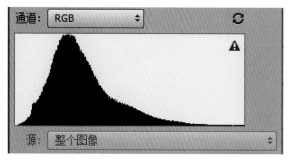

波峰位于暗调部分

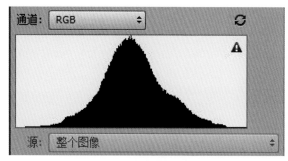

波峰位于中间调部分

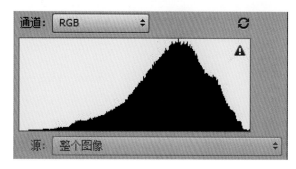

波峰位于亮调部分

③ 多峰型

　　照片中有两个或者多个重点区域，每个波峰都包含了大量的像素信息，这样的图像多出现在高反差图像中，大量的像素信息分布在高光和暗调区域。如果使用多种照度不同的人造光源进行拍摄也可能出现多个波峰的情况。

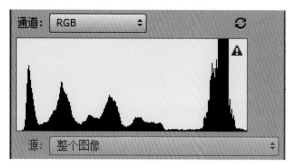

波峰分布于暗调、中间调、亮调，此直方图波峰比较多，说明照片层次不够平滑

④ 左峰型

色阶直方图的大量的信息集中于暗部区域，暗部信息超出了直方图最左边，亮部区域几乎没有信息，这说明本图像的暗部细节大量丢失，曝光不足。

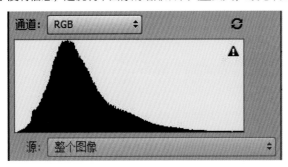

直方图数据集中于暗部和中间调，高光部分几乎无数据信息

⑤ 右峰型

色阶直方图的大量像素信息集中在高光区域，亮部区域数据信息超出了最右边的区域，暗部只有很少量或者没有数据信息，亮部信息大量丢失，曝光过度。

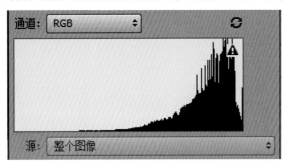

直方图数据集中于高光区域，暗部几乎没有数据

⑥ 两侧延伸型

暗部和亮部的图形曲线都超出了直方图，说明亮部和暗部的数据信息都有一定程度的丢失，这说明所拍摄场景的整体光比很大，相机不能同时将高光和暗部的信息都记录下来。需要使用滤镜或者闪光灯补光等方法改变光比提高图像质量。

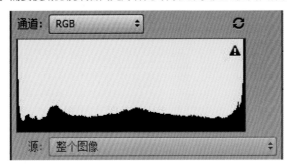

直方图数据分布在整个直方图中，但是暗部和高光部出现溢出

⑦ 孤岛型

直方图中只有中间有一定量的数据，看上去是一个孤岛，因为其最高亮度与最低亮度的比值很小，因此照片的反差比较小。

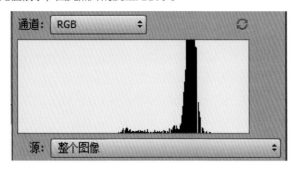

直方图数据集中于小范围的阶调上

⑧ 多孤岛型

直方图中出现多个波峰，期间并不连续。这种情况多出现于拍摄逆光剪影或者灰阶色卡。

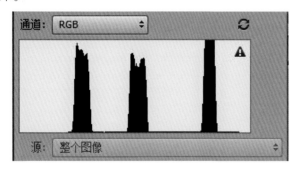

直方图数据集中于几个不同的阶调上

色阶工具调整的特点

色阶工具可以通过拉伸色阶来提高图像整体的反差，并且可以调整色阶的中灰点扩张和压缩图像的高光和暗部影调。色阶工具通常对图像整体的亮度也可以说是"灰度"进行改变，它不会在处理过程中造成色彩的偏移，但是过度拉伸色阶会造成图像层次的劣化，放大以后图像的灰阶变化会更加明显。但是由于色阶工具调节简单，也非常容易控制，因此多被用于初始调整的第一步。

2. 曲线

在后期处理过程中，曲线工具是我们经常使用到的调整工具。在这里的曲线是输入亮度与输出亮度的一个关系曲线，它主要叙述的是输入亮度值到输出亮度值的变化。正是因为曲线的这个特性，使得它变得很容易控制画面的局部反差效果和整体亮度，并且将两者和谐地统一起来。

当曲线在坐标系中呈45°直线时，输入和输出值是一一对应的，曲线处于初始状态。当我们移动曲线时，曲线就开始改变画面的亮度关系，但是最核心的一点是不会变的，无论曲线如何变化，曲线斜率大于45°的地方反差变大，小于45°的地方反差变小。因此当我们单点调整曲线的时候，并不只是对于所选择点的亮度进行了改变，与此同时还改变了各个部分的反差。例如，当单点调整中间调的亮度时，将中间调区域的点提高，暗部的曲线斜率增加，亮部的曲线斜率降低，也就是说在提高中间调亮度的同时，还将暗部的反差提高，亮部的反差降低，因此可以说曲线是一个综合调节的工具，它同时影响亮度和反差。

曲线的种类

①S形曲线

S形曲线有正反两种，正S形主要是用于提高影像大反差，适用于低反差的图像处理，此时照片的暗部影调和高光部分影调同时都被压缩并且反差降低，中间影调的反差加大，影像整体反差加大。

反S形曲线更多用来调节大光比条件下所拍摄的照片，这些照片大多数整体反差都非常大，但是在暗部和高光位置的反差却比较小。反S形曲线降低了反差最大的中间影调部分的反差，与此同时将暗部影调和高光部分影调进行扩张，使得暗部细节更加分明，高光部分更加通透。

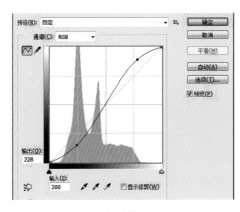

S形曲线

②凹凸曲线

凹凸曲线最重要的作用是控制中间影调的亮度，与此同时对暗部和高光部分又形成一定的影响。

凹形曲线又可以称为U形曲线，将曲线的中心点向上拉升而成。被拉升的点是中间调部分，中间调的亮度提高，高光部分影调被压缩反差减小，暗部影调被扩张反差加大。整体画面的反差降低，画面倾向于高调柔和。

凸形曲线呈倒U形，与U形曲线相反。其中间调亮度降低，高光被扩张，反差加大，暗部被压缩，反差减小。画面整体的反差加大，高光部分的细节更加凸显出来。

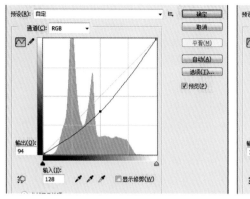 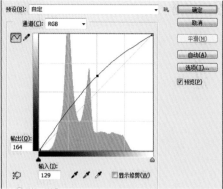

凹形曲线　　　　　　　　　　　凸形曲线

曲线工具的特点

曲线工具可以非常方便地对任何一个影调区域增减曝光，在调整过程中它会连带影响每个影调区域的细节反差。和色阶不同的是，曲线不仅仅可以单项调节，还可以通过设定无数个采样点对图像任何区域进行控制调节，这使得曲线可以对图像产生多重影响，既可以简单地调整达到非常自然的调整，又可以随心所欲地控制任何一个想要控制的区域。而且曲线还可以对RGB三色曲线分别调整，这可以很简单地修正一些色彩上的偏差，但是这一功能要使用得当，如果过度使用非常容易变成校正了一个区域的色偏而另外的区域又出现严重偏色的情况。

3. 图层

图层是后期处理软件中使用最自由、调节功能对多的工具。我们可以通过不同图层的叠加，完成许多单一工具所不能实现的调整功能。我们可以通过图层的设置调整曝光、亮度、反差、色温、色彩等照片的基本属性，还可以使用曲线工具、色阶工具、可选颜色工具、渐变工具来综合调整一张照片。除了将以上这些功能做一个整合，图层最为重要的意义在于，它能够使用蒙版工具对照片的任意部位选择性使用这些工具，以实现摄影人内心对于一张照片效果的预想。

建立蒙版工具就如同化妆师手上的化妆笔，化妆笔使用什么"颜料"就能起到什么样的作用，因此我们必须在制作图层时心中有数，要了解我们具体需要对哪些方面进行后期的修改。对于照片的预想是摄影中相当重要的一个环节，预想能力的提升需要摄影人在不断拍摄与摸索中有意识地去思考，这是一个循序渐进的过程，经过一段时间的积累和总结就能有不小的提高。

实例演示

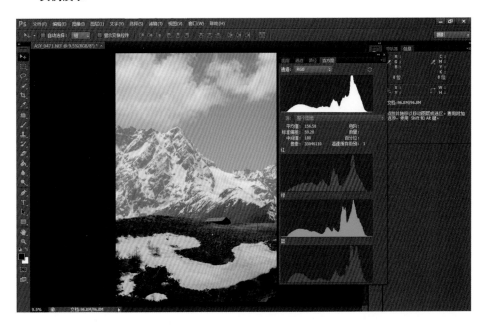

　　这是一张曝光准确的风光照片，从直方图上我们可以看出照片记录下了几乎所有的细节数据，并没有产生高光或者暗部的溢出，整体的质量都不错。但是它并不是一张足够好的照片，它的色彩和反差都不够丰富，前景也不够突出，感觉没有层次。我们所需要做的就是将前景与背景从视觉上分离开来，让整张照片的层次更好、更丰富。

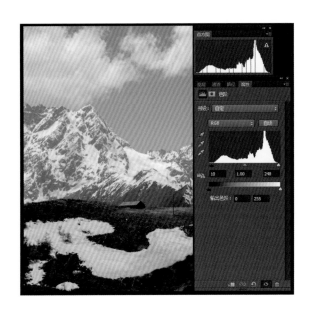

1.建立色阶图层，设定照片的暗部和亮部，从直方图上看，直方图曲线接近左边与右边的边界，但是它们都不溢出。

2.为了突出前景，因此对前景制作蒙版。选出前景的区域，再使用曲线工具运用凸形曲线，这样能够增加暗部到中间调的反差，而降低高光部分的反差，从而起到既突出草地岩石的质感又保护高光部分雪的细节的作用。

3.在处理背景中的雪山时，由于当时已经在雪线以上，因此背景的雪山以及天空中的雾气会降低其反差，为了还原出记忆中的影像，我们使用蒙版选出背景的区域并使用亮度、对比度工具对其进行降低亮度、降低对比度的操作。

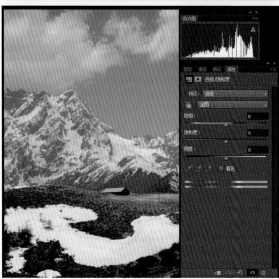

4.由于背景的天空存在一定程度的偏青，因此我们使用蒙版工具选出背景，使用色相、饱和度工具调节了天空的色相并增加了其饱和度还原出更加真实的天空。同时为了突出前景的色彩，我们也对前景制作了蒙版以调节其饱和度。

5.在前面调节时雪山受到了饱和度调节的影响有所偏色，因此我们将雪山单独选择出来，并降低它的饱和度以还原出山体真实的色彩。

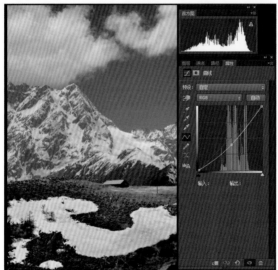

6.再对一些雪的细节和云彩的细节进行调节，这里我们使用的曲线工具降低了一些亮度以突出其纹理。

7.最后如果照片细节不够好，那么可以考虑对照片做一次锐化。如果噪点比较大，也可以使用外挂滤镜进行降噪处理。

处理前　　　　　　　　　　　　　　处理后

第9章 改变光线——通过后期调整增加光感

我的心充满了人和物的形象。我的眼睛决不轻易放过一件小事，它争取密切关注它所看到的每一件事物。有些景象令人愉快，使人陶醉；但有些则是极其凄惨，令人伤感的。对于后者，我绝不闭上我的双眼，因为它们也是生活的一部分。在它们面前闭上眼睛，就等于关闭了心房，关闭了思想。

在那短短的三天，我自然不能看到我想要看到的一切。只有在黑暗再次向我袭来之时，我才感到我丢下了多少东西没有见到。然而，我的内心充满了甜蜜的回忆，使我很少有时间来懊悔。此后，我摸到每一件物品，我的记忆都将鲜明地反映出那件物品是个什么样子。

我的这一番如何度过重见光明的三天的简述，也许与你假设知道自己即将失明而为自己所做的安排不相一致。可是，我相信，假如你真的面临那种厄运，你的目光将会尽量投向以前从未曾见过的事物，并将它们储存在记忆中，为今后漫长的黑夜所用。你将比以往更好地利用自己的眼睛。你所看到的每一件东西，对你都是那么珍贵，你的目光将饱览那出现在你视线之内的每一件物品。然后，你将真正看到，一个美的世界在你面前展开。

——《假如给我三天光明》［美］海伦·凯勒

下页图：绚丽的色彩是突出光感的有效手段。 光圈f/11，快门1/250s，ISO100【R】

对于光感，或许它在每一个人的眼中都有着多种不同的解释，但是究其根本一幅好的画面必须要能够给予视觉系统足够的"刺激"，才能让观者对画面产生好感。这种"刺激"可以来自画面独特的色彩，也可以来自其细腻的层次，还可以来自超现实感极强的场景。这就如同酸、甜、苦、辣各种不同的味素一般，我们需要将各种口味按照不同的比例综合到一起，去完成一道令众人喜爱的菜肴。

要拍摄出一张光感上佳的照片，需要在照片中突出一到两个视觉上的重点。例如，绚丽纷繁的色彩或者突出的冷暖对比，还可以是白平衡错误导致的独特色彩。这些都有着不同的味道，当然只拥有这些炫目的元素也并不一定就能得到一张好的照片，更加重要的是我们需要更好地去将各种元素有机地融合起来。

光感的营造

光感的营造根据题材的不同，方法也不尽相同。当然无论什么样的题材，如果它能够符合人眼的视觉习惯，那么便成功了一半。人使用双眼观察世界，由于其存在视差，因此我们看到的景象都是以三维的方式存在的。而相机是将三维的世界通过镜头记录成二维的平面，那么想要让照片接近于我们的视觉习惯，就必须通过各种不同的手段将这个二维平面的内容表现得具有三维的特性。

在照片中表现三维的场景需要不同细节的相互参考。物体上所形成的阴影，风光中远处稀薄的云雾，人物身上不同的光线变化，这些都在默默地给我们的眼睛做出提示，提示它的形状，提示它的远景或大小。当然构图和画面中线条的构成也对三维场景的交代有很大作用。在照片中还原出真实场景中的三维关系，用简明易懂的话来说就是拍摄出了"空气感""层次丰富""主体突出"。当我们使用手上现有的器材拍摄照片时，构图、景深这些都不是我们能轻易去改变的，要更好地交代整个场景，更多的情况下我们需要通过前期的准备与后期的调整，用光影营造出更好的光感，将整个氛围交代得更清楚、更吸引人。

1. 高反差场景光感的营造

高反差场景通常具有很强的视觉冲击力，很容易吸引人们的注意力。这在很大程度上是由于肉眼对于高反差的场景更加敏感所造成的。但是高反差场景也是特别不容易拍摄的类型，肉眼对于光线的适应性可以很好地平衡高光与暗部的差别，这样高反差的场景在人眼观察到的光比要远远小于其实际光比大小。因此想要拍摄出为人所易接受和喜爱的高反差照片，营造光感的思路便是让拍摄下来的照片能够和人眼所观察的效果更加接近，并在此基础上再做人为的特殊化加工处理，以得到具有个人风格的照片。

下页图：高反差的人像拍摄场景，如果能运用Lightroom 、Photoshop 等软件中的高光修复功能找回
高光部分的细节，人物的表现效果就会大大增强。
光圈f/3.5，快门6s，ISO500

要让照片符合人眼的视觉习惯，首先我们需要充分地去挖掘数码相机的最大宽容度。通常我们直接使用相机拍摄下来的照片，宽容度最高约为11挡光圈值，如果能够巧妙地使用后期软件，便能够很好地实现约14挡的光圈宽容度，这就可以很好地去模拟人眼对光的视觉感受。

当我们观察高反差场景的直方图时，通常会发现直方图的数据总是溢出的，这就是因为宽容度有限而造成了高光或者暗部的数据丢失，这些丢失的信号在照片上体现出来的便是纯白或者纯黑，没有任何层次。我们拍摄高反差场景时应该按照向右曝光的原则，由于数码相机对于暗部细节的保存能力要低于高光细节的，因此在前期拍摄时应该保证暗部不溢出，也就是直方图上左边的图形刚好不会超出直方图的表格。当拍摄完毕以后就可以将所拍摄的RAW文件导入常用的数字后期软件当中，使用例如：Lightroom中的高光滑块、Photoshop中的高光修复选项抑或原厂的后期软件中的高光修复功能来找回高光部分的细节。这对于大多数的照片都是极为适用的，但是如果遇到光比反差特别大的场景时，除使用中灰渐变滤镜、摇黑卡、闪光灯补光这样的光比平衡方法以外，还可以使用HDR技术进行超高宽容度照片的制作。值得一提的是，现在很多相机中也都包含了HDR拍摄的功能，虽然非常方便，但是由于其只能机内生成JPG格式，而不能采用RAW或者TIFF这样的无损格式记录，因此制作优质的HDR照片仍然需要使用后期合成方式。

在使用后期软件增加照片宽容度以后，照片的反差会有一定程度上的减小。层次感会更强，为了进一步提高画面的光感质量，我们需要模拟人眼的工作原理来调整照片的影调。对于高光比的场景，人眼通常将高光压缩、暗部拉伸，也就是高光部分的反差降低，而暗部到中间调的部分反差增强。这里我们可以使用图一所示的曲线拉伸方法实现这一目的，当然像这样调整这个曲线后，整体图像的亮度会有所增加，那么我们可以返回上一步再次调整高光修复按钮，最终以直方图左右两边都不溢出为最佳。如果光比还是过大，那么可以适当允许数据的溢出，但要以视觉效果最优为第一标准。

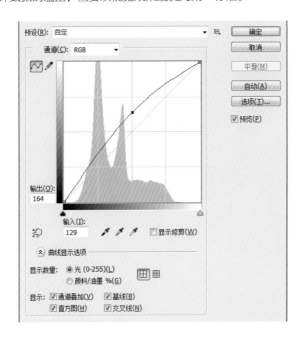

图一

2. 低反差场景光感的营造

在拍摄阴天、雾霾天气或者空气质量不太好的环境时，通常光比会比较小，在直方图中显示出来的图形更加接近于孤岛型图形，其数据会集中于两三个区中。与前面所说的相同，人眼对于高反差的物体或场景会出于本能地去观察和注意。因此一个反差很小的画面很难把握住人的视觉注意力，也就意味着它很难有吸引人的光感。在观察很多的感觉很空灵的照片时，除了有低反差所营造的整体意境，通常为了表达其意义，都会有一个较高反差的亮点存在，这时常也是一个整体氛围下的亮点。

画面反差比较小的时候，我们可以调整曲线，来实现高调的效果。
光圈f/8，快门1/250s，ISO100

从一幅低反差的作品中找到亮点是成功的一大关键，在开始处理一张原始的RAW格式照片的时候，我们先要确定好整幅作品的基调。如果所希望的是一幅高调作品，那么可以通过曝光调整功能键调整直方图，让其显示到靠右的位置，并达到理想的亮度，以得到超现实感的温暖、明快的色调感觉。如果希望得到的是一幅比较阴暗的低调作品，那么就应该向反方向调节，让直方图图表偏左，以表现较为低沉、稳重的氛围。假如想要整体感觉比较自然，与人眼所见相同，那么就将直方图图表置于中心位置。

在确定好整体的基调以后，接下来就应该思考如何去突出所需要的重点。如果是一张从近景渐渐延伸至远方的风光照片，或许是因为空气质量稍差因此造成远处的反差较低而不能体现出所需细节，这样我们仅仅只需要提高整体画面的反差便可以得到较好的光感。当然在这里还应该注意直方图的变化，防止过度提高照片反差而造成的数据溢出。通常调整反差可以使用图二所示的曲线，中心的五区没有变化，这样既可以增加三区到七区的反差，又能够最大地保留原有的层次和氛围。

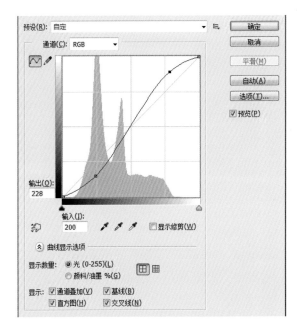

图二

对于一些类似的照片，其整体感觉便是低反差的效果，但是我们需要对一些特定的点强化其反差以优化其整体的质感。比如对于一张高调的肖像照片，其整体的氛围是过曝低反差的效果，但是如果整张照片中都这样，那么就失去了应有的亮点。例如眼睛就是一个重要部分，如果在前期的拍摄中，眼睛部分的反差不够，那么我们可以使用后期软件选定眼睛部分来提高其反差，以突出它在整张照片中的作用。

下页图：拍摄人像照片时，如果整体反差不够明显，可以提高眼睛、头发等地方的局部
反差来突出照片中的重点。
光圈f/8，快门 1/125s，ISO100【R】

增强光线的表现

光线能够让一个平淡无奇的场景变得丰富多彩，灵活地使用光线所赋予的独特的感觉，对于增加作品的光感也有非常重要的作用。单一光源营造的光感是我们经常所使用到的方法，比如说拍摄日出或者夕阳这样的场景，就是使用色温较低的单一自然光源所营造的场景。除此以外，其实我们还可以使用更多的方法来表现不同的色彩。

由于各种人造光源的色谱都有着很大的区别，因此在多种光源混合使用时时常会因为白平衡设置的不同而拍摄出多种不同的光线色彩。比如，荧光灯的色彩是偏冷并倾向于绿色的，而白炽灯则偏暖并倾向于橙色。当两种光源混合使用于同一个场景时，如果我们的主要被摄物是处于白炽灯的照射下，那么由于整个场景将以白炽灯的色温和色彩倾向来校正白平衡，这样便会增强荧光灯的效果，使得被荧光灯所照着的场景偏绿色。但如果主体为荧光灯，那么整个环境则容易呈现出更加偏暖色调的氛围。当然我们还可以使用日光白平衡的设置来校正这个场景，这样得到的将是一个橙黄光和蓝绿光共存的场景，如此大的色彩对比足以吸引眼球。

色彩需要在对比中才能体现出它们之间的不同，因此想要得到视觉效果很突出的状态，那么使用大的色彩对比会容易将其凸显出来。而如果需要得到宁静祥和的氛围，那大量的色彩冲突就不太适合。数码相机所拍摄的RAW格式文件能够无损地在后期软件中调整白平衡的设置，这给我们想法的实现创造了很多的便利。我们可以使用一些技巧故意让照片偏色。比如可以使用不同颜色的闪光灯色片对拍摄主体补充彩色光，再在后期软件中将被摄主体的色彩校正为正常的色彩，这样没有被闪光灯照亮的区域便会显现出所补色彩的补色，通过这样的方法，我们能够随意发挥想象力去创造属于自己的超现实感的场面。在拍摄完成以后，我们可以通过前面介绍的增加光感的方法再进行调整，以得到最好的光感效果。

光感的营造

光感的营造是拍摄者发挥想象力的过程，照片之所以千变万化，最为重要的便是人的思想。通过相应的技巧去实现自己的所思所想，通过技巧的提升去避免过度后期处理所带来的负面影响。后期处理并非不可取，更多的是我们应当分清主次，一张好的照片光有好的光感效果只是一个开始，更多照片背后的东西才是我们应当去挖掘的。光感应当为作品服务，而不要因为需要一个好的光感而忽视光影背后的内容。

下页图：丁达尔效应下很容易出现好照片，但还是需要和精密的后期结合，才能获得更好的照片质感。
光圈f/10，快门1/125s，ISO100

第10章 光的美学

我愿看见这样熙熙攘攘的一群——

在自由的土地立足的自由人民。

那时对眼前的一瞬我便可以说：

你真美啊，请停一停！

于是我有生之年的痕迹

不会泯灭，而将世代长存。

我怀着对崇高幸福的预感，

享受着这至神至圣的一瞬。

——《浮士德》歌德 绝笔

清晨或黄昏的低角度阳光，可以把光影投射在任何地方，而不是藏在人的脚下，从而使画面的魅力大大提升。
光圈f/4，快门1/30s，ISO100【R】

　　掌握了曝光的技术，不足以让一个人晋升为专业的摄影师，单纯的曝光工作只是摄影技术的一个初级的阶段，是摄影师必须掌握的基本技术。真正的摄影师要把曝光技术运用到"艺术创作"里。正如懂演奏乐器并不能让一个人成为优秀的作曲家一样，我们现在已经具备了基础的技术，接下来的创作过程，还要靠智慧和汗水发挥各项技术的特长，创造优秀的艺术作品。

　　因此，到这里，摄影的世界才刚刚在你眼前展开。千变万化的光线带来了五彩斑斓的世界，我们要去熟悉不同光线的"脾气""禀性"，靠它们完成最优秀的摄影作品。现在，你要在光影世界踏上一段漫长的旅程了。

最好的光线

很多朋友会拿着摄影大师的作品说："这样的光线太少见了，谁能遇得上？" 合适的光线往往是帮助一幅摄影作品成功的重要因素。而最好的光线什么时候会到来？

答案非常简单：在你睡觉的时候（清晨）；在你吃晚饭、会朋友的时候（傍晚、日暮时分）；还有很多摄影师认为，当电闪雷鸣、狂风四起，或者气温骤降、云层密实的时候，总之，所有天气变化更替的时候，是光线最好的时刻，这些时刻的光线兼具清晨与黄昏低角度光线的优点。

换句话说，要想得到最好的光线，就要放弃享受这些"正常生活"。

当然，并不是说只要选择早晨或晚上的时间，你就能够获得足够好的曝光效果。如果控制不好光线，一样可以让画面效果平淡。这就需要你对于光线有更深入的了解。

首先，你需要了解光线的颜色。很多人会因为日落时的光线颜色同样是金色或橙红色的，于是就选择拍摄日落，从而可以保证睡懒觉的时间。当然，这样也会导致你跟很多优秀的作品"擦肩而过"。日出时的光线，其实要比日落时的更冷一些，清冷的基调与红色的日光组合起来，就很容易出现品红色的效果。

天气也会对光线形成明显的影响。雷阵雨到来前的天空是非常阴沉的，但是这样的天空带来的光照却十分柔和，几乎没有阴影。如果天气略好，如阴天或多云，光线的强度则会大大提高，但阴影仍然不明显，或是有阴影，但光照部分与阴影之间的反差非常小。这样的光线适合拍摄非常细腻的风景照片，比如田园、溪流等，同样，它也适合拍摄人像和花卉，从而有效避免主体上过大的光线差距，让色彩更好地得到还原。

让天气再特殊一点，雪天和雾天的天气里，"白茫茫"的视觉效果和阴沉的天气往往会让光线效果单调，缺乏色彩的补充。不要放下相机，这时正是你展现创造力的机会。可以使用一把红色的雨伞，来吸引观者的视线。

不同季节的天气也明显呈现出巨大的差异。如果你想要阳光强烈地照射在"农民伯伯"大汗淋漓的背脊上的效果，肯定是要在夏天正午直射的光线条件下拍。如果你想要表现金色的阳光照在桌前热气蒸腾的下午茶杯子上，则需要等到冬天，低角度的阳光可以直接穿过你的窗子，照在你面前的桌子上，撒上金色的基调。当然，如果你想要上学时课本里描述的令人向往的"和煦"的阳光，则要等到春天或初秋。这样的阳光也非常适合拍摄初吐的春芽、盛开的鲜花、初秋的黄叶。这些色彩会在强度和角度都比较适中的光线下得到最好的还原。

下页图：不同的天气，光影效果会大大不同，需要及时调整曝光。若天气从响晴万里到暴雨如注，需要大大提升曝光参数。　光圈f/11，快门1/15s，ISO50

192-193对页图：清晨的光效与众不同，需要略微压低曝光，来得到清晨的独特氛围。
光圈f/11，快门4s，ISO100【R】

清晨和黄昏

希腊神话里的太阳神阿波罗，每天驾着马车将阳光带给万物。太阳在人们的心目中也的确是这样一个充满光彩与力量的形象。正午时，阳光的力量让生命之花绽放，而在阿波罗驾车出发和远去的瞬间，也带给了世间生灵最美的演出。黄昏与清晨，无数诗句诞生的时刻，同样也是很多伟大的摄影作品凝固下的时刻。这几个小时成了很多摄影师固定的"工作时间"。为什么这两个时间段里的光线如此具有魅力？对于拍摄来说，此时光线的哪些特点是有利的？哪些会带来一些麻烦？如何运用这时的光线拍摄出优秀的摄影作品？要成为一名优秀的摄影师，这些都是你所要考虑的问题。

1. 倾斜的阳光角度

在清晨与黄昏能有独特景致，倾斜的阳光照射角度是一个重要的成因。正午，太阳直射地面，光线强度集中，显得比较强烈，而在黄昏与清晨，阳光照射角度倾斜，照射面积变大很多，单位面积的受光量锐减，因此，此时的阳光更显柔和。这时的阳光照射到景物上时，形成的亮暗反差不会过于强烈，在亮部和暗部都能保留较丰富的层次。同时，太阳本身的光线强度"看起来"也大大减弱，仅在此时，光芒四射的它也可以成为画面中的一个被摄体，而不至于让反差大得无法接受。

雪后初晴，倾斜的阳光会使阴影中反射蓝色天光的雪与阳光下反射温暖日光的雪形成色彩的对比，
为单调的雪景带来艳丽的色彩。　　光圈f/11，快门1/15s，ISO100

专家点评：微距摄影中的光圈

空气中的细小颗粒会让光线发生散射现象，而如果颗粒较小的话，波长较短的偏蓝色光线更容易发生散射，因此波长较长的红、黄色光线，相对更多地穿透空气被我们看到，而蓝色光线则在空气中不断散射、弥漫。但正是这种看似一种损失的自然现象让我们拥有了湛蓝的天空，散射到大气中的蓝光，向四面八方扩散，自然也会有一部分照射回我们的眼中，它们遮挡住了本来应是夜空一般黑暗的天空。

当太阳直射的时候，散射现象并不明显，所以太阳看起来仍然是"白色的"。在清晨或黄昏，倾斜的照射角度一方面使阳光的视觉效果更暗，色彩更明显（任何色彩的物体曝光过度时都倾向于表现为白色）；另一方面光线是"斜刺"过大气层的，因此其在大气中传播距离更长，被散射得更厉害。这就是为什么我们会在清晨或傍晚看到"一轮红日"，越接近地平线，就红得越厉害。同时散射的蓝光会让天空看起来更蓝，一冷一暖的两大色调形成对比，让清晨或傍晚的景物色彩更加艳丽。

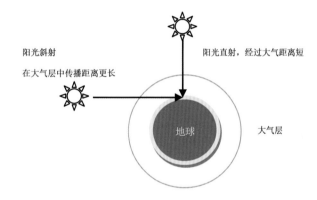

我们小学都学过，正午的阳光和清晨的阳光强度不同，这是因为照射角度不同。
早晨的阳光要穿透更厚的大气层，大地单位面积受光量要少很多。

这种散射的现象并不是永远如此，正如天空不是永远如海洋一般湛蓝一样。当空气中飘浮较大的颗粒的时候，如沙尘，散射的现象会颠倒过来，波长更长的红黄色光散射更多，短波的蓝光穿透性更强。这就是为什么发生沙尘暴时，天空看起来一片昏黄，并不是我们看到了"满天的黄沙"。同时，在这种天气里会看到"青蓝色"的太阳，也就不难理解了，这不单纯是一个色温的变化导致的视觉现象。

2. 如何测光

在黄昏或清晨拍摄时另外一个重要的问题是，我们要注意测光点的选择。尤其是在拍摄落日的景象的时候，景物的反差比较大，如果测光点选择错误，落在太阳上，或者落在黑色的远山上，都会导致曝光的严重失误。即便使用"中央重点平均测光""矩阵测光"等智能型测光模式，在光线强度差距如此明显的画面中，由于无法保证中心位置的光线强度相当于18%灰，因此也很难保证精确的测光。此时，我们可以使用18%灰测光法，测量在此时阳光照度下人脸适宜的曝光数值，然后固定用这一数值进行拍摄。

如果你要拍摄太阳与彩霞的场面的话，一定要使用点测光进行精确测光。而且，此时测光点的选择显得尤为重要。景物的亮度差距极大，因此要选择合适的测光点。这时灰板的亮度恐怕不比黑暗的远山轮廓的高多少，要选择这一场景光线强度居中的景物——落日与彩霞场景中一般来说是太阳周围两三倍半径处的被阳光照亮的彩云。而对于湖边残阳的场景，则是水面的太阳反光处基本合适。至于其他的场景，还要按照本书开始时介绍的练习方法，在同一个场景，多尝试用不同的测光方式、不同的曝光组合拍摄几张照片，认真分析每一张照片的效果，寻找失败的原因，积累成功的经验，不断总结最适合的测光和曝光的方法。

3. 控制"气氛"

利用黄昏与傍晚的光线进行拍摄，贵在把握"气氛"，也就需要摄影师们不仅能精益求精，也要能大胆调整。例如，有的摄影师会在傍晚拍摄时大胆地降低一到两挡曝光，让沐浴在阳光下的事物呈现出艳丽的色泽和可触及的质感，同时，让隐藏在长长的影子里的事物融入暗部层次。这样一来亮暗的对比会更加鲜明，阳光下的主体能够更加突出。这样，傍晚或清晨相对较暗的光线效果和独特的含蓄味道，会更明确地表现出来，"暮霭沉沉""晨雾青青"的效果才不会被自动曝光表现为乏味的"一片澄明"。可见在这种独特的光线条件下，往往偏离"正常规律"的曝光反而能够带来优秀的作品。

让阳光逆向相机照射过来，产生强烈的轮廓光，淡淡的眩光，是利用低角度阳光营造气氛的常见手段。
光圈f/3.2，快门1/3200s，ISO200

在黄昏与清晨拍摄，要选择测光点，又要为了营造氛围调整曝光补偿。若使用自动曝光，调整起来会比较麻烦，每次拍摄都重新测光反而会更加复杂，测量的误差也会导致拍摄效果不稳定。因此，这时建议大家使用手动曝光，测量出合适的曝光数值，并将其设置好，就可以避免重新构图时曝光数值改变。

4. 及时调整曝光

最美的光线总是瞬息万变的，日出日落的景象尤其如此。如果使用手动曝光，一段时间之后，阳光会明显地变暗或变亮，原来的曝光值就不再够用了。因此不能像白天拍摄时一样，测量好一个曝光数值一直使用。我们需要每隔一段时间重新测量新的照度，一般来说，在太阳落山前一小时内，每隔五分钟都要重新测量一下光线。

5. 清晨与黄昏的不同

很多影友觉得，清晨和黄昏的光线差不多，那我拍摄黄昏就好了，清晨就没有必要拍了吧。但是"早起的鸟儿有虫吃"，在摄影世界中同样是真理。清晨，当人们都在熟睡的时候，很多摄影师已经守候在拍摄地了。的确，从理论上讲，清晨的光线与黄昏的基本相同，都是倾斜的光线，金色的太阳。但清晨与黄昏的整体气氛略有区别。

首先，傍晚的红日与多彩的晚霞更让人难以忘怀，而清晨时更多的是金灿灿的太阳徐徐升起。正如它们出现的时间，日出更有一分喷薄而出的生气，日落则多了一些迟暮的柔弱。总体来说，傍晚的日光效果色温更低，也就是看起来更"红"。

在清晨或黄昏拍摄，锁定固定曝光参数是不明智的，一定要根据拍摄的主体及时调整曝光。
光圈f/11，快门 1/30s，ISO100【R】

清晨的薄雾，是昼夜的温差形成的，傍晚则较少出现，而这一景观在自然界中是难得的美景，无论山水都如同仍然酣睡在薄纱被中，这些雾气成了很多摄影作品的最有魅力的部分。因此它也成了诱惑摄影师们走出温暖的被窝的主要因素。

此外，在城市中，人的生活方式造就了黄昏与清晨的不同风格。经过一夜的沉淀，清晨城市空气中的污染物更少，透明度更高，而且夏日的清晨到来较早，人们还未开始一天的生活，因此整个城市显得更安静，像关闭了的庞大机器，失去了人类赋予它的气息，化作了自然界的一部分。这与车水马龙、喧闹繁华的都市傍晚正好相反。

光线的方向

光线从何处来？自然界中，光线的方向和角度是由太阳决定的，但我们和被摄体的位置是可以调整的，相机、被摄体与光线所处的不同角度会生成完全不同的光线效果。

同样的时间、地点，有人可以拍摄出光线均匀的静物，有人可以拍出光影交错的风景，也有人可以拍出有一圈银色轮廓的人像。这就来自用光的技术。

而这一切画面效果最主要的决定因素就是光线照射的方向。

画面中光线的方向由三方面决定：太阳的位置、被摄体的位置和拍摄者的位置。

1. 顺光

什么是顺光

顺光就是光线的方向和相机的拍摄方向完全一致的情况。可以在相机的热靴上加装一个照明灯，这样你拍的一切都会是顺光的效果，因为你所拍到的一切，都会被你的灯光照亮。顺光照明最大的好处就是，只要测量画面中一个点的光线，画面其他部分所接受的光线的量就会是一样的，从而可以用作整幅画面的曝光参数。这对于拍摄风光摄影来说非常

方便，尤其是画面中天空面积比较大的时候，可以直接用相机对准颜色最深的天空测光然后进行拍摄，因为这部分天空的明度就相当于18％的灰。

顺光时的曝光

这样一来，顺光很可能被很多人理解为"最容易的光线"也就不再去思考顺光时的曝光了。这样也会带来很大的损失，因为"顺光"和"顺光"也不一样。同样是顺光拍摄，早晨或傍晚的光线就会更加适合，因为阳光会呈现出漂亮的金黄色或温暖的橙红色，会让人有更温馨的感受。这种感觉会使人像更吸引观众，也会使风光照片更加迷人。

顺光与建筑摄影

在各个领域中，顺光比较适合拍摄建筑。对于其他摄影门类来说，顺光容易显得比较平淡、缺乏立体感，所以很多摄影师不常采用顺光的角度。但是对于常规建筑摄影来说，让建筑的每一个细节真实而完美地展现出来，是建筑摄影师的任务。光线迎面照射在建筑上，所有的细节都会被照亮，不会形成扰乱建筑本身外观的影子，这样就能够真实准确地保留建筑本身的特征。当然，有些摄影师会用光影将一些现代建筑的独特造型夸张地表现出来，但这已经是在建筑基本形态基础上的另一种创作了。

拍摄建筑时要注意，如果建筑外表玻璃较多，反光比较强烈的话，应考虑按照"白加黑减"的原则适当增加曝光，否则照片容易受到光线的影响发生曝光不足的情况。

2. 侧光

顺光照片最大的问题就是平面感。你所拍摄的每一个景物都会因为没有阴影与遮挡，被看作是二维的平面。当然你的大脑可能能够解析出三维的场景，但是你的眼睛却往往不

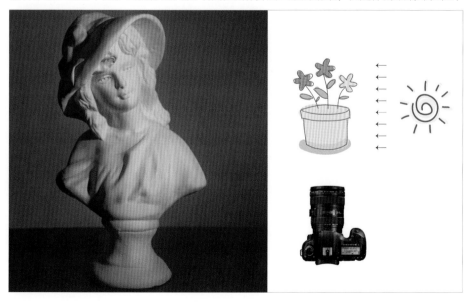

上页图：顺光可以使建筑的每一处细节都被照亮，得到均匀的表现。　光圈f/6.3，快门1/40s，ISO1600

能实现这一点。因此，想要制造三维效果，就需要使用阴影来表明谁在前，谁在后，谁把影子投在了谁的身上，从而证明谁在前面。这样一来，你就需要侧光来为你带来阴影。

在日出或日落的时间，朝向南方或者北方拍摄，拍到的建筑、人物就都是侧光照明的。利用侧光拍摄时曝光不能像顺光一样随意，需要对曝光做适当的调整。侧光照明的时候非常容易出现曝光失误。因此为了避免失误，需要按照感光材料的特性对曝光做一下调整。可以通过调整曝光补偿完成。如果使用的是彩色胶卷（彩色负片），那么建议适当增加曝光，比如调到 + 1。而如果和大多数摄影师一样使用数码相机，那么建议适当减少曝光，比如调到 − 1或 − 1.3。这样进行调整是因为数码相机的暗部对于信息保留的效果更好一些，如果曝光不足，更容易把照片挽救回来。而曝光过度对于数码相机来说几乎是致命的。胶片相机则不同，曝光过度时照片能够调整好的概率要高于曝光不足时的。

侧光照明下的景物阴影都会比较明显，无论是风光还是人像，都会有一半处在阴影当中。阴影带来的是立体感的增强，平面的照片会更有空间深度的感觉。同时物体在侧光照明下表面的凹凸也会被阴影凸显出来，质感也就更明显。当然，如果你要拍摄人像，不能因为侧光能让人物显得更有"雕塑感"而选择侧光，还要防止人物完全直视画面，因为在侧光照明下，这样会使人脸一半处于黑暗之中，另外一半完全是亮的，形成"阴阳脸"的效果。

"挑战总是与机遇并存"，虽然侧光给曝光带来了更大的难度，但如果能很好地掌握曝光，侧光也非常容易拍出很好的效果。很多优秀的作品都是运用侧光拍摄的。

侧光照明具有光照和阴影兼备的特点，因此对于很多摄影师来说，它已经被证明是对曝光最具挑战性的。但是，它也创造出了最多的优秀图片——可谓机会和难度并存。正如很多专业摄影师所认同的那样，与顺平光画面和逆光画面相比，使用侧光的画面为观看者带来了更加强烈的视觉感受，因为它更好地刺激了观看者，使他们能够在图片中看到与自己眼中一致的三维立体世界。

简单举个例子，可以尝试拍摄一个球体和一个圆形纸片，二者直径一样，并排放在一起。首先用顺光拍摄一张照片，可以发现，二者似乎很难分辨，因为全部受光的球体从正面看来也是一个圆形。之后，把灯光移到两个物体的侧前方，然后回到同样的拍摄位置再拍摄一张照片，你会发现球体表面呈现出变化的光影效果，球面朝向光源的部分暴露在光线下，比较亮，而背向光源的地方由于没有灯光照射，则会比较暗。而圆形的纸片表面都能暴露在光线下，与顺光时拍摄的光线效果基本上没有区别。不仅球体如此，其他任何表面有凹凸的物体都会在侧光条件下形成受光面与背光面的光影区别，因此在侧光的照明下，物体的立体感就会明显地表现出来。

这样的立体世界对于风光摄影来说是非常有价值的。如果使用顺光拍摄，层峦叠嶂的山峰只能表现成一个绵延扁平的"屏风"；近处的草地会与远处的房屋混杂在一起失去距离的层次感。只有错落的光线和影子才能标示出山体的错落有致，同样由近及远交替出现的光与影，可以让前后景之间的距离更加明显，这就像标枪比赛场上的一条条标志线一

上页图：想让人物面部的立体感更加明显，需要侧光的帮助。　光圈f/3.2，快门1/800s，ISO2000

样。此外，光与影的对比可以让风景变得更有魅力。清晨或黄昏时暖调的光线和大面积的阴影可以让平淡的景象产生视觉上的节奏变化，跃动起来，让景物充满生机。

同样，在人像摄影中，要想突出人物面部的立体感，也需要侧光来加以辅助。人脸是对称的，当光线从侧面照射过来以后，必然会将一边的脸部照亮，而另一边大面积陷入阴影（如同刚才我们介绍的球体一样），此外凸出的鼻梁也会将这种分界变得更加明显。这种阴影不仅能强化人物面部的立体感，同时也可以让本来对称的面部产生一些变化，这样拍摄出的光线可以让人物变得更具有"戏剧性"，对于表现内心活动丰富、性格鲜明独特的人物是非常有效的。

3. 逆光

最难控制的光线角度

侧光仍然不是曝光难度排行榜的冠军。当光线再旋转90°，从物体背后照射过来时，曝光是最难控制的。因为画面中要么是直接射向镜头的光线，要么是浓重的阴影，差别非常大，也很难在二者之间权衡。

剪影

剪影就是当背景非常亮的时候，主体变成一个只有轮廓的影子的效果。剪影效果是逆光拍摄常用的创作手法之一，然而想很好地控制剪影，却不那么容易。

你第一次拍出剪影的经历是什么样的？是不是在某次拍摄时意外拍出的？从另外一个角度来说，想在逆光条件下有意识地控制剪影并不是一件容易的事。其难度主要在于镜头

大面积的玻璃窗非常有利于表现剪影，如果你家窗子有点小，那么去机场或者写字楼找找。
光圈f/3.2，快门1/8000s，ISO2500

的选择和相应的测光部位上。

比如，使用200mm的长焦镜头拍摄日出日落时，当你把镜头对准明亮的太阳时，相机的测光表会给你一个曝光参数，如果按照这个参数拍摄，那么就会得到这样的效果：太阳是红色的，而画面其他部分则都被吞噬在阴影中。你想拍的建筑轮廓、人物等都会难以分辨。

在这样的情况下，需要使用点测光模式。使用相机的一个测光点进行测光，并以这个测光点的读数作为全部曝光的依据，完全不考虑其他因素。拍摄落日时，将相机的测光模式选择为点测光，然后对准离太阳中心三倍半径的位置进行测光，就能得到比较好的效果。当然，也要区分背景是什么物体，云层和天空的明亮程度是不同的，因此测量时也需要区别对待，总之，要选择太阳周围最接近18％灰的区域进行测光，才会使照片更接近你所希望达到的效果。

花絮

这样的方法对于初学者来说是个很好的入门方式，但因为初学者很难准确判断测光点，点测光的失误概率非常高。如果有这样的情况出现，千万不要放弃，建议大家还是要多多尝试，熟能生巧，才能更好地掌握点测光的技术，从而在日出日落这种复杂的光线条件下仍然能够保证良好的曝光。

半透明的物体

　　很多摄影师会比较喜欢逆光。尤其是风光摄影师，更是对逆光情有独钟。这样的摄影师往往会有一些技巧让这些画面变得更吸引人。其中非常重要的一条，就是拍摄一些透明或半透明的景物，比如树叶、嫩芽、蜘蛛网等。

　　拍摄半透明的景物怎样测光呢？其实非常简单，只要将测光点对准最希望表现的半透明景物，直接按下快门，就会得到最佳的曝光效果。如果你已经开始拍摄半透明物体，你会发现，有的时候同样是逆光下的树叶，有的照片就显得非常好看，而在另一些照片里就看不到效果。这是为什么呢？

　　要想拍出半透明物体"晶莹剔透"的感觉，需要对背景做精心细致的挑选。其中第一条原则就是要把你的景物衬在尽可能暗的背景下。这样物体所透过的光线才会显得更加明亮，色彩也更饱和。暗背景的撷取其实并不难。可以使用长焦镜头来缩小背景范围，然后选择阴影下的墙面、树干等周围环境中的景物，也可以选择用小景深将远处被建筑阴影遮挡下的场景作为背景。当然，也可以用深色外套衬在想要拍摄的逆光的花卉后面。

不要一提起半透明的物体，就想到杯中的威士忌、玉器这样的奢华物品，最平凡的事物，
也是非常好的拍摄对象。　光圈f/5.6，快门1/125s，ISO100【R】

人的头发在逆光下会变得更加有魅力。　光圈f/2.8，快门1/1600s，ISO500

轮廓光

逆光在人像摄影中的运用也是很常见的。人的头发、毛线衣上的绒毛，也可以在逆光下呈"闪亮"的透明状。当人物站在逆光下的时候，它们会在光线下闪闪发光，形成一个"金圈"把人物包围起来。摄影师们通常把这种光效称为"轮廓光"。任何普通人物都会在这靓丽的"轮廓"中熠熠生辉。当然，在拍摄时一定会发现，要将"轮廓"表现为最佳效果，必然要对头发、绒毛进行测光，但是这样一来背向光线的人脸显然会曝光不足，甚至成了带金边的"剪影"。

下对页图：室内拍摄很容易借由人工光获得更复杂的光效，拍摄类似题材使用小闪光灯还是很有帮助的。
光圈f/5.6，快门1/80s，ISO800

这时你有两个选择。假设被你拍摄的人物背对着落日的余晖坐在公园的长凳上，如果想得到的人物又偏偏是面目清晰、亮度舒适的，就可以靠近被摄者，将相机对准他的面部（焦点是否对实面部没有关系），接下来以面部的反光强度为依据进行测光，无论是使用自动曝光模式还是手动曝光模式，都按住曝光锁定按钮然后退回到预想的拍摄位置进行拍摄。这样你将得到一个完美的、光芒四射的人物。这样拍摄的代价是，明亮的背景和轮廓光由于亮度差距过大，会严重曝光过度，失去层次，你要拍摄的人处在"一片光芒之中"，看不出落日场面的色彩。

如果你希望人物、落日、轮廓光都得到最佳的展现，这时就要做更复杂的工作了。解决这一难题的出路是减小人脸与背景之间的亮度差距。我们不可能把太阳变暗，但可以想办法让人变亮——对，补光。还记得我们说到过的反光板、闪光灯的补光方式吗？当然也可以利用现场的其他景物、玻璃、水面，甚至靠近人脸的一本开本较大的书。无论利用何种方式，只要能起到照亮人脸的作用，就可以让拍摄效果更理想。当然要注意的是，尽量让补光效果显得自然、柔和，因此可以多用正面的平光，而侧光、底光等光源方向明显与实际光线不一致的补光方法会让看照片的人一眼就发现人为的痕迹，照片看上去就像在海报前面拍的一样。

逆光的效果非常锐利动人，但是同样也非常难于把握。在白天拍摄时，光线最好的清晨和傍晚，太阳角度比较低，我们可能经常要面对强烈的逆光进行拍摄，这也是最考验你的技术和经验的时候。但大家只要按照我们上面讲的办法运用好逆光，就能够拍摄出优秀的作品。

4. 顶光与底光

以上我们讨论的是一些常见的光线效果，但还有一些特殊的情况存在。它们并不是我们经常遇到或用到的光线，但却可以带来惊人的效果。

顶光

走入一座哥特式的教堂，阳光从高高的玻璃窗中直射下来，照射在一排排祈祷者身上，人物只有头顶、肩膀被照亮，而腿部几乎接触不到光线，像披上了银色的斗篷，看起来似乎飘在空中，此时光线似乎具有了神圣的力量。

这种光叫作顶光。如何判断顶光？非常简单，低头看一下你的影子，只要影子面积变得很小，集中在你脚下，你便已经站在顶光下了。

这种光线在平日并不容易见到。在纬度较高的国家，只有盛夏的正午才能在自然条件中找到这种光线，然而此时并不是容易拍出优秀作品的时刻。此外，对于眼睛深陷的欧洲人来说，这种光线会让人的眼睛被眼眶的阴影挡住，形成鬼怪般的效果。很多摄影师都会特意回避这种光效。

但在舞台上，这种光效却有了施展的空间。我们当要表现一个人的内心世界时，如独

下页图：柔和的逆光容易带来神秘的魅力，可以考虑不要让逆光人像变得一片漆黑。
光圈 f/4，快门1/500s，ISO100【R】

白、祈祷等场面，经常会有一束强光从舞台的正上方直射下来，落在人物身上，人物可以在代表"上天之眼"的光线中单独袒露自己的心声。因此，在拍摄照片时，尤其是用人工光摄影时，可以使用这种光线得到与平日不同的效果。

底光

如果说，顶光仍可以在正午时在自然界中找到。那么光线来自主体正下方的"底光"则很难在自然光线下遇到了。这种似乎只有"脚下是烈火"的"地狱"才有的光线带来了颠覆性的视觉效果。

你小时候是否玩过这样的游戏？你和几个孩子一起拿着手电筒在家附近某个黑暗的地方"探险"。突然，前面的一个人将手电筒抵在下颌，回过身来"啊"的一声凑到你面前张牙舞爪，你会被吓一大跳。

这是因为，人们习惯于观看被上方的光线照亮的人物和景象，当人物的脸部被来自下方的手电筒照亮时，这种光效是你极少见到或从来没有见到过的，于是就会觉得"可怕"。

光线从地上照射到人物身上，这样的效果在自然光下很少见，于是当人工光带来底光照明的时候，就会带来神秘的气氛。 光圈f/5.6，快门1/30s，ISO800【R】

人内心这种对于异常事物的恐惧心理，让底光具有了一种"恐怖感"和"神秘感"。在一些魔幻电影中我们可以看到巫婆专注地操纵着水晶球的景象，桌子上的水晶球发出的光线对于巫婆来说，同样是底光，这就让这个独特"职业"的"特点"展现出来。

现代都市遍布各处的灯光让越来越多的底光效果出现在生活中。有时我们要避开它，有时要利用它。很多公园里面会设有装饰用的地灯，有些还带有漂亮的色彩。这时，如果要在这样的环境中给别人拍"纪念照"，可以让人物尽量离这些灯光远一些，让光线从斜下方照射到他的脸上，这样底光效果就会缓和一些。当然，也可以做一些具有神秘感的创作，例如让人物低头面向灯光伸出双手，像在操纵这神秘的光线一样，画面的效果会比呆呆的纪念照有趣得多。

底光并不是一定会和"阴暗""可怕"联系在一起。有时候，在拍摄唯美的人像照片时，也要运用到底光。

还可以尝试将底光与顶光配合起来使用，会得到非常独特的人像摄影效果。底光补光的使用可以将顶光形成的影子变暗，降低面部光线反差，同时，人物面部的光线过渡也会更柔和，对于表现细腻的皮肤质感来说也是非常有益的。尤其是光线效果较"硬"的顶光与大面积的柔和底光相配合，会使得整体效果既保留光线的方向性，又具备柔和细腻的特点。因此，很多人在光线比较强烈的时候使用反光板反射底光拍摄人像，能够得到很好的效果。但注意底光补光的强度应略低于顶光，大约为顶光1/2强度。

5. 改变拍摄角度来取得更好的光线

不同的光线角度形成的画面风格相差甚远。因此如果你走在一片再平常不过的景色中时，蓦然回首，一番美丽的景色正在你身后。所以很多摄影师是擅长"回头"的，当你面对眼前的景色拍摄不停时，他们却能捕捉到身后的美景。

他们的视线不仅在"身后"，优秀的摄影师总能发现最好的光线角度，他们总是能找到很多独特的角度，其他人只能跟着他们走来走去。

其实他们只是对光线更熟悉，他们了解什么样的事物适合什么角度的光线。在了解了以上的光线性质以后，相信你也能像他们一样。例如，当其他人在拍摄迎着阳光开放的鲜艳花朵时，你也许会想到绕到花朵背后去拍摄在逆光照射下的透明花瓣。

同样，当别人在用正面光拍摄人物旅游纪念照，让人物迎着阳光睁不开眼睛时，可以让他微微转身，让阳光从侧前方照射到人物脸上，不仅人物避开了耀眼阳光，而且侧面的光线让人物面部更具有立体感。

总之，可以不断尝试用不同的拍摄角度、配合不同的光线角度进行拍摄，总会有适合你要拍摄的题材的光线角度。经过反复的试验，你会对光线有更全面的掌握。

花絮

你完全可以在自己的灯光室里面布置吧台，或放上咖啡机，尽管这样很酷，但是我觉得不如把这个空间留出来放一个投影仪，可以马上把照片投射在墙上。另外其实音响设备也会为你带来很大帮助，不仅可以让你进入更放松的工作状态，也可以让模特更融洽地和你进入同一个"频率"里。

多上上下下地观察，才能找到最有光感的角度。　光圈f/5.6，快门1/640s，ISO100

6. 学会精用光线——影室摄影

独立式闪光灯还不够

对于光的方向要求最严格，也最精确的，便是影室用光。如果你以为买一个独立式闪光灯就能体验闪光摄影的全部乐趣，就大错特错了。闪光摄影的世界远不止如此。独立式闪光灯的效果仍然不够理想，它过短的闪光距离和过硬的光效都是你无法接受的。若非常想要人物肤质细腻柔和的效果，那你就需要购买影室闪光灯了。当你建立起自己的影室时，才会明白，摄影用光是个庞大的乐园。

影室闪光灯的优势

影室闪光灯，顾名思义大多数情况是在影室里使用的。影室闪光灯比起独立式闪光灯来说，直接的优势就是指数要更高，同样的距离下，影室闪光灯可以让你使用f/11 – f/16这样的小光圈，而使用独立式闪光灯的话，往往需要在最大光圈附近徘徊。小光圈可以带来更大的景深，于是景深选择空间就会大很多。此外，更小的光圈，也可以让你有更多的机会使用到镜头的最佳光圈（我们在前面说过，镜头的最佳光圈往往是一支镜头中间的一两挡）。

下页图：使用影室闪光灯拍摄人像，可以得到光感柔和，反差又鲜明的照片。　光圈f/7.1，快门1/125s，ISO100

拥有一个"装配齐全"的影室是很多摄影师的梦想，不要觉得它很遥远，只要口袋里还有一百块钱，你就可以打造一个属于自己的影室

而更重要的是附件的优势。我们在影室里很难看到单独使用的影室闪光灯，一般都是配合附件同时使用的。影室闪光灯可选的附件有很多，如束光罩、柔光箱、雷达罩、遮挡板等。每一种附件都会带来一种独特的效果。此外还有无线引闪器、静物台、测光表等其他辅助的设备。这些设备会让你的影室创作有非常大的选择空间。

打造自己的影室

你也许听到"影室闪光灯"这几个字就觉得不寒而栗，抱着自己的钱包开始盘算着节衣缩食。其实完全不用害怕，影室摄影虽然听起来如此专业，但想拥有一个影室其实离你并不远。只需要一个不太大的房间（甚至可以是办公室的一角、家里临时改建的客厅），一笔很小的资金来购买设备，就可以开始影室拍摄了。只用一千多元钱就可以购置一套还能用的影室闪光灯，甚至可以只用一百块钱，来打造你的简易"工作室"（如何搭建、配置自己的摄影室，请参见本书第11章）。

特殊的天气——摄影师的好朋友

假如你已经计划好某天早晨去拍照，但醒来时，发现天气阴沉，正在下雨，这时你会不会躺下继续睡？你有很多理由支持你这么做——"相机可能被雨淋湿""天气阴沉反差太弱""光线效果都是平光过于平淡""雨天路滑比较难走"，甚至"我不喜欢这个天气"。如果这样的话，你会错过很多精彩的照片。

赵嘉常说：坏天气是摄影师最好的朋友。当你发愁"明天下雨怎么办"时，他们总会毫不在意，因为他们知道，雨天反而可能给他们带来更多优秀的作品。对于优秀的摄影师

阴天不总与"灰暗"相联系，其实更小的反差有利于色彩饱和度的提升。 光圈f/5.6，快门1/1250s，ISO640

来说，阴晴雨雪雾，不同天气有不同天气的拍摄方式，每一种天气都有其独特的魅力。这种乐观似乎难以理解，但是其实对你来说，只要坚定地从床上爬起来，带上你的相机走出去，成功就已经开始了。

1. 阴天

当你决定出游，清早出门的时候却发现天气阴霾，往往会觉得非常扫兴。阴天是公认的"坏天气"。但如果你看到阴天就放下相机，那就错了，其实阴天对于摄影来说还是有不少好处的。

首先，阴天是"最安全"的天气。因为光线非常均匀、柔和，景物和人的身上没有明显的光影分布，这样就大大减小了反差，不需要在光影之间进行艰难的选择，曝光的难度也就大大减小了。

由于景物光照均匀，在阴天的时候，就可以将测光的任务交给相机完成了，基本上保持设置在"中央重点平均测光"这一项，就能够保证获得比较理想的曝光了，画面中的色彩也会比较艳丽、饱和。这样的曝光叫作"大松心"式的曝光。因为你可以只去考虑构图的问题，曝光可以完全交给相机完成。

下对页图：阴天下，类似这样的场景，色彩可以更加饱满油润。
光圈f/11，快门1/125s，ISO100【R】

2. 雨天

雨天是第一大"坏天气"。它带给我们的是淋湿相机、穿雨衣不便于行动、道路泥泞、镜片上容易产生雾气这样的困难。即便你有高级的防雨设备、机身有完整的防雨罩，雨天多变的天气条件还是会让你在拍摄的时候困难重重。

首先，阴云密布的下雨天会让光线强度比同时间的日光强度降低一半左右。你必须用更大的光圈或更高的感光度来保证足够高的快门速度。

其次，如果你已经习惯使用手动曝光的拍摄方式，要特别小心雨天的光线亮度变化，尤其是大暴雨的天气，光线条件有可能在半小时内骤降2级，所以要经常测光，以免曝光失误。

雨天的色彩

但是雨天的魅力也许就在你泥泞的脚边。你是否尝试过在蒙蒙细雨中蹲下来看看路边的小花？你会发现它们此时显得比平时更鲜艳。这不仅是因为雨水冲刷掉了花朵上的尘土，也是因为降雨让空气中的浮尘减少，降低了空气对于色彩的影响。此外，晴天时由于反差明显，保全暗部则牺牲亮部色彩，注重亮部则会损失暗部饱和度。但雨天时较厚的云层让光线在变暗的同时变得更均匀，不需要在曝光上做选择，一般使用平均测光，色彩就能够得到很好的展现。

雨天，自然界的色彩浓淡有致，可以利用彩色片，多摄取红、黄、绿等艳丽的色彩，这样可以得到真的像水洗过一样的漂亮色彩。

柔和的光效

除乌云遮日的暴雨以外，白天降雨时的光线效果基本上与阴天的相似，光线强度略低一至两级，但是光线更加柔和，反差较低。只是雨天相对更暗、更柔和一些，此时拍摄的人像照片同样柔和细腻。不仅如此，我们刚才提到过，下雨时，景物更清澈，色彩更鲜艳，因此雨天拍摄的人像往往柔和且清新。

因此，如果在拍摄人像时遇到突降小雨的情况，完全可以让模特举一把色彩鲜艳的雨伞，在花丛中拍摄几幅独特的雨景。

"雨丝"

雨本身也是一个很美的景象。无论是与自然景物还是人造景观或人们的生活结合起来，雨都会成为画面中一个重要的审美元素。

还记得拍摄雨景的快门速度吗？可以用1/60～1/30s的快门速度将雨水表现为"雨丝"，然后可以选择比较暗的背景将这些雨丝衬托出来。还可以为了表现不同的题材进一步控制雨的效果。同样大小的雨，可以放慢快门速度将它变成"倾盆大雨"，也可以调高快门速度带来"毛毛雨"的效果。

下页图：放慢快门速度，让雨滴形成"雨丝"，就会使雨显得更大。　光圈 f/5.6，快门1/500s，ISO400【R】

不同的效果可以配合不同内容的表现。例如要表现雨中岿然不动的哨兵，我们就可以放慢快门，凸显雨的细密。而如果要拍摄雨中的古老建筑，则可以略微提高快门速度，以免过多的雨丝遮挡建筑的外观。

有帮助的细节

① 路面积水

路面积水是雨水带来的特殊景象，原本粗糙的路面积水后反光率大大提高，变成一面完整的"镜子"。这样一来，一方面，环境的光线强度有所提高，此时如果使用手动曝光，则要相应地降低曝光值。同时，路面积水也能形成景物的倒影，无论是下雨时还是雨后，这种倒影都成了创作的得力助手，增强了画面的趣味性。可以尽情发挥想象力去运用这些倒影。此外，如果是傍晚下雨，都市的霓虹灯也会为雨景带来鲜艳却又朦胧的色彩，就像在水里晕开的染料一样。当然，要保证倒影和景物都得到准确的曝光效果，我们还需要严格控制曝光。一般来说，选择介于水面反光和霓虹灯光之间的亮度值作为测光点，能够得到比较好的效果。

② 玻璃窗

除水面以外，玻璃窗也是雨景拍摄常用的"道具"之一。并不是用玻璃来反光，而是透过玻璃上的雨滴进行拍摄。雨水打到玻璃上会形成一个个的水珠，新落上的雨水又会形成一条透明的痕迹，透过这些痕迹可以隐约看到窗外的景物。而密集的水珠又像调色盘一样，让窗外的色彩融汇在一起。因此，无论下雨时你是在家里，还是在商场里避雨，都可以尝试利用眼前的玻璃窗拍摄出独特的雨景。傍晚，如果在回家的公交车上，阴雨让景物显得更暗，但汽车纷纷开启车灯。这时可以拿起相机来到驾驶员独享的"大玻璃"前，等待雨刷经过形成一个清晰的扇形时按下快门。扇形区域内的清晰景象与周围被水珠覆盖的模糊色彩形成完全不同的质感。前方汽车红色的尾灯、对面汽车黄色的照明灯、绿色的交通灯、地上的反光，都会在这两种不同的介质中混合成不同的效果，只要掌握好曝光，就可以拍到非常精彩的照片。建议你使用点测光模式测量灯光在水中的倒影，基本可以得到比较合适的曝光。

上页图：利用下雨时路面上形成的积水，拍摄有趣的倒影，是体现摄影师智慧的机会。
光圈f/11，快门1/50s，ISO100

下雨时人物的状态都会显得与平日不同，人物性格也会更加明显，尤其是孩子，此刻他们的好奇心和兴奋的状态会表现得更强烈。　光圈f/2.2，快门1/200s，ISO400

雨天的人物

　　雨天的魅力远不止于此，雨水自身形成的独特景象只是它对创作有利的一个方面。更重要的是，降雨还可以让人们呈现出与平日不同的生活状态。自然条件的变化总是会引起人们内心的某种变化，天气也是影响人的情绪的重要因素。这就是影视剧中很多重要的情节都要安排在雨中的原因。无论是悲伤还是甜蜜，雨水总是能够轻易将人的情感推向高潮。

　　下雨时，可以走到街上"转一转"，便会发现不同于往常的情绪——伞下低着头迈开大步往前走急于回家的身影、躲在屋檐下蜷缩着望着天空的迷茫眼神、鲜艳小雨衣下穿着胶鞋欢快地踏着水的小脚、同擎一把大伞紧靠在一起悠闲漫步的男女等。而如果来到火车即将出发的站台、泥泞不堪的工地、刚刚放学的校门口，一定会遇到更多令人感动的场面。

　　要想拍好雨天的人物，往往要使用手动曝光，因为雨天的光线比较难于捉摸。如果是在白天拍摄，可以对穿雨衣的人或者避雨的人的面部进行测光，将得到的数值作为参考，然后测量伞下人物面部的亮度，再记下这个数值。雨伞会阻隔一部分光线，打伞的人往往更暗一些，因此需要更充足的曝光量。在拍摄时，要根据光线条件及时在这两个曝光值之间进行切换。

　　如果要拍摄夜间的雨景，表现五彩斑斓的灯光，那就要对准水面反光进行测光，确定曝光数值，只要灯光强度不变，就可以使用同样的曝光值。但是在拍摄时如果需要表现人物，就要重新对人脸进行点测光。

3. 雪景拍摄

雪景一般分为两种，一种是雪正在下，雪花漫天飞舞的时候；另一种是雪停后，阳光重新出现，但积雪仍未融化的时候。这两种情况下光线环境不同、拍摄方式不同，拍摄的内容也截然不同。

下雪景象

下雪时，天气比较阴沉，能见度较差，光线散漫柔和，有点类似雨景的拍摄。此时我们仍然可以用慢速快门捕捉下细密的雪花，当然仍然要注意运用深色的背景来进行衬托。

同样，下雪时人们的生活状态也非常独特。飘落的雪花比起雨来天然地具有"寒冷感"，雪花总是与厚重的衣服、洁白的水气共同出现，这种特殊的场面可以将寒冬的冰冷凸显出来：突降大雪的冬日，人们裹紧衣服走在街上，身上落满雪花；被积雪压弯的竹子在风雪中摇摆等。同时，这种寒冷也为火热的生活提供了衬托：下雪时，路边的早点摊成了温暖的避风港，老板冻红的双手一掀开蒸笼，一股蒸汽从中涌出，这蒸汽在冬天里变得像云一样洁白厚重，食客碗里也蒸腾着热气，平日并不明显的温暖感变得异常突出。在雪天反而表现出更多活力的是孩子，下雪对于他们来说是把世界变成了游乐园。可以来到一个学校，拍摄下课时孩子们欢快的状态，他们可以把学校的操场变成巨大的"战场"，飘落的雪花与纷飞的雪球混合起来，会让气氛变得更加热烈。可见，雪可以让日常生活变得更有韵味。

飘落的雪花配合阴沉的光线，"寒冷感"顿时增加。　光圈 f/4，快门 1/125s，ISO400【R】

晴天雪景

雪过天晴后，景物就成了另外一种风貌：温暖的阳光重新统治大地，积雪的冰冷变得不再明显，就像铺在地上的棉花。任何不同的景物和建筑都被积雪装点成了统一的格调，纷繁复杂的色彩被细腻的白色笼罩，整个世界变得简单、纯净。任何多余、不多余的烦琐事物都只在积雪中剩下了一个轮廓。这就是为什么人们在面对雪景时总会有一种释然、心旷神怡的感觉。因此雪景总是看起来独具魅力。

但是要把这个"银装素裹"的世界拍摄成优秀的照片却并不容易。还记得我们说过，生活中具有最高反光率的是什么？正是纯净的积雪。反光率高达96%的积雪在阳光的照射下尤显明亮。这样一来，积雪与没有雪的地方（如建筑物竖立的外墙、积雪下的松树等）之间就会形成极大的反差。这往往让我们很难抉择。这时不妨选择阳光比较斜的早晨或者黄昏的时间进行拍摄，然后选择阳光照射到的景物和建筑进行拍摄，这样积雪和景物之间的亮度差会更小一些，同时金色的阳光、蓝色的天空也为雪景增加了鲜艳的色彩。

此外，雪本身的质感也是很难表现的。如果选择平均测光模式进行拍摄，雪会呈现为灰色，失去洁白的美感。按照"白加黑减"的原则，要适当增加曝光。但是如果曝光增加过多，雪会变成一片"死白"，没有层次，雪的质感就表现不出来了。因此要拍摄出曝光适当的雪景，需要精准的曝光值。一般来说可以用"18％灰"测光法来完成。如果在紧急状态下来不及进行"18％灰"测光，可以将曝光补偿调高一到两挡，来补偿积雪对于测光的影响。

阳光的出现会大大消除积雪的冰冷感，让雪景更具有生命力。　　光圈f/13，快门1/60s，ISO100

4.雾景拍摄

"空气透视"

雾气会让景物变得更加朦胧，若隐若现，眼前的世界恍若隔纱。雾能隐去远处的一些景物，而使近处的景物呈现出丰富的层次，使前景、中景、背景在雾气中逐渐变淡，有强烈的空间深度感。由远及近的变化让人产生了强烈的空间感，达到了与透视同样的效果，所以称为"空气透视"。这种"空气透视"在表现远景时的"云雾迷蒙"的效果也给很多爱好水墨画的朋友提供了更多具有"意境"的画面。

因此我们在拍摄时，可以选择有远、中、近对比的景物，来加强空间深度感，同时前景、中景应为深暗色调的景物，才能形成强烈的远近对比。

柔和的光线效果

有雾时空气折射现象比较严重，水雾就像一个大的柔光箱一样将景物笼罩住，此时的光线效果是各种天气条件中最柔的，但是这只限于近处的景物。

不同的雾景

你是否有过这种体验：不同的时间、地点看到的雾，似乎看起来不太一样，有着不同的韵味？阴天时的雾与天空连在一起，显得更加萧条、阴沉；而晴天清晨的薄雾则是静静地铺在草地上或河面上，显得祥和、安静；山区的云雾伴随着雄伟的险峰，看起来雄浑壮阔。

每一种雾的形态都独具魅力，要表现好它们的特点需要在曝光上进行细微的调整。阴天时，雾气较重，可以在测光后适当减少曝光来还原阴沉灰暗的效果。清晨时雾气影响不是特别大，则可以降低一些曝光，保留清晨天光未明的清冷效果。而如果要拍摄山区的雾，则可以降低曝光保留云雾本身的质感，让山峰显得更加朦胧。

另外，亮丽的色彩能增强雾景画面的活力。可用滤光器（雾镜）来增强或减弱（黄、橙）雾感（绿滤光镜消除城市中的褐色雾）。

雾景的"空气透视"效果会让景物的远近差异异常分明，背景甚至已经消失在迷雾之中。
光圈f/2.2，快门1/100s，ISO50

室内的光线

1. 选择题

当我们从阳光明媚的户外走到室内，当你拿起相机，光线的变化马上会让你做一系列选择题：

选择题一，室内环境明显更暗，这时用不用闪光灯？A.用；B.不用。选择A的话，你会得到这样的照片：明亮的灯光从正面照亮被摄体，让其看起来像是被"贴"在了背景上，非常不自然。

选择B的话则要做选择题二：由于最大光圈和最慢的快门速度往往仍然难以保证低感光度下的正常拍摄，我们要不要提高感光度或使用高感光度胶片？如果要的话，感光度多少为合适？如果拍摄的是静物的话，我们可以用三脚架来完成高质量的拍摄。但对于运动的人来说，三脚架则没有办法。人物再细微的动作都可能让照片变得模糊。此时提高感光度成了唯一的选择。一般来说，在有窗的房间中，白天拍摄时将感光度调整到ISO400已经可以满足拍摄的快门速度要求，同时其质量损失仍然在可接受范围内，因此很多摄影师在拍摄室内照片时都会选择这一感光度的胶片或相机设置。

问题还远没有结束，即便你可以忍受调高感光度时牺牲掉的画面质量，你是否能够忍受室内景物的高反差？窗户是室内唯一的光源入口，因此光线分布极不均匀。在房间中，有光照射到的部位会比较亮，而其他地方则会非常暗。

如果你觉得大反差的效果可以忍受，那是否能够接受不断反复调整曝光数值的烦恼？距离窗户远近不同的物体之间亮度差距也非常大。因此你必须不断调整曝光数值，不断对人物面部或完全相同光源条件下的18％的灰板进行点测光。

在室内拍摄时，用光是非常讲究的，既要对室内进行照明，缩小室内外的光比、加大室内的光线变化，
同时又要把灯光"藏好"，不要在画面中露出"马脚"。

光圈f/22，快门4s，ISO200

即便你有足够的耐心测光，能精确测出景物亮度，有时候仍然要面临选择：如果主体在窗前，进行逆光拍摄的话，是要拍摄剪影效果保留窗外景物的层次，还是让明亮的窗外成为主体背后单调的背景，这也是一个两难的选择。

2. 参考答案（仅供参考）

不要被室内摄影一上来就交给你的这些难题吓倒，有问题就有解决办法，即便解决不了，我们也可以换个方式来利用它。

对于高反差的问题，即便是白天，你已经觉得室内足够明亮了，但是不妨把灯打开，让房间变得灯火通明。这时再拍摄一张靠近窗户的人像试验一下，会发现反差有所减弱。虽然窗外的光线仍然比较明亮，但是主体的阴影部分已经不是一片漆黑了。暗部层次的提升让整幅照片的质感变得更理想。此外，如果房间中的光线以白炽灯的为主，相对偏黄的光线会让暗部的层次带上淡淡的暖色，室内光线的温馨感便会给照片带来更丰富的味道，这样也比闪光灯的补光效果更真实。如果要拍摄的人物站在窗前，希望表现出窗外景物的细节，又不愿将人物拍摄成剪影效果时，除转到侧面拍摄以外，也可以采取同样的方法。

当这些复杂的问题一一解决以后，我们就可以开始利用室内的光线进行创作了。来自窗户的光线不仅只有高反差这样的"麻烦"，它还有很大的优势。

在室内拍摄人像时，利用透过窗子的光线作为较亮的轮廓光，而利用室内光线作为主光来照明，可以得到温馨的效果。　光圈f/3.2，快门1/100s，ISO1600

3. 柔和的光线

我们经常在广告海报上看到这样的画面：窗前的餐桌上铺着一块整洁的方格桌布，桌

上的咖啡、瓷盘上的面包、金属的刀叉和鲜亮的草莓酱诱惑着观看照片的人，真正是秀色可餐。同样，当我们和朋友一起去餐厅吃饭，选择一张靠窗的桌子坐下，彼此拍照时，你可能也会发现，往往最靠近窗边的人在照片里面看起来最好看。

仔细端详照片，你会发现好像通过窗户照射进房间的光线被"柔化"了，窗前景物的质感往往得到了最柔和的展现。这是因为通过窗户的是散射光，光线朝向四面八方传递，照亮了物体受光面的每一个角落。它就像一个巨大的柔光箱一样，能够形成既有非常明确的方向，又柔和细腻的光线。

当然，我们这里指的是天光照明的窗户，如果是一束直射的阳光透过玻璃窗直接照射在被摄体上，仍然会得到强烈的光线效果。

要表现出柔和的质感，在曝光时也要认真处理。一般来说，使用点测光模式对准人物面部受光面就可以得到正确的曝光。但如果你拍摄的是白色的餐具、深色的物体，则最好能够用灰板在物体的位置上准确地进行测光。有经验的摄影师会手动调整曝光补偿，但前提是要能够准确地估计曝光。因为即便只有半级的曝光误差，将画面放大时也会发现质感会大大受损。

夜

如果说白天的光线是太阳"一统天下"的"主旋律"，那么夜晚的光线便是多重光线交织起来的"温柔和声"。很多在白天阳光下黯然失色的事物，都会在夜晚绽放出自身的光芒。

1. 月光

月光的亮度是每平方英尺250烛光，在感光度为ISO100的情况下，用f/8的光圈直接拍摄月亮时，要把月亮拍清楚，快门速度约为1/250s。对于很多风光摄影师来说这是熟记在心的数据。安塞尔·亚当斯正是利用这个亮度值，在没有测光表的情况下决定了《月升》这幅作品的曝光。

如果你仍然记不住这个数值，或者发现月亮受云层影响，亮度有所减弱，希望通过测光得到更精确的结果，那也很简单，将测光点直接对准月亮本身，就能够得到最适合月亮亮度的曝光，进而拍到带有环形山、月海的月亮。

此外，如果你能使用长焦镜头将近处的竹叶的剪影映衬在明亮的巨大月亮背景上，将会得到非常安静恬美的具有民族气息的景象。

2. 室外灯光

在夜里明亮起来的还有一个个繁华的都市。建筑的夜景照明、广告牌上的霓虹灯、大屏幕、川流不息的汽车车灯，这些都意味着有人在活动，人们的生活在夜里星星点点地汇聚起来，形成更加温馨的场面。

同时灯光也因为黑暗而显得弥足珍贵。无论是大海上的一座灯塔，山上的一户人家，

下对页图：夜景拍摄是自然光与人工光同时绽放色彩的机会，一支稳定的三脚架必不可少。
光圈f/1.4，快门6s，ISO1600

室外夜景，想兼顾地面上的人工光和天空细节通常不太可能，多半需要后期拼接才行

哪怕光线再微弱，也让人感觉充满希望。

曝光技术是让这些光线打动更多人的途径。与亘古不变的日月光辉不同，人造光线的方向、色彩、质感、强度，没有一样不需要到现场核实。

夜景灯光显然不能像太阳一样明亮，就连看起来温和的月亮的光线强度也远在常规夜景灯光之上。一般来说，不使用三脚架的话，几乎没有办法脱离镜头上最大的几挡光圈。

三脚架是帮助你拍摄出优秀的夜景作品的重要朋友。室外夜景的拍摄，往往与风光摄影有着同样的技术要求：广角镜头、大景深、超焦距。总之，追求清晰细腻的高质量是不变的追求。使用低感光度降低颗粒或噪点、使用小光圈追求大景深，所有这些的代价都是降低快门速度。要追求高质量，快门速度就得一降再降。如果你使用ISO100的感光度、f/16的光圈拍摄都市夜景的话，要达到理想的曝光质量，快门速度往往要以数秒计算。

3. 室外夜景测光

虽然夜景很暗，但你是否发现，拍摄出的照片经常是"过亮"的，没有夜景的灯光感觉。要想拍摄出建筑在光照下"晶莹剔透"的效果，或者表现出色彩妖娆梦幻的霓虹灯的色彩，需要转换测光模式。平均测光或中央重点平均测光此时是不能使用的，甚至连高级的3D矩阵测光都无法帮你找到合适的曝光。这时你唯一能够信赖的就是点测光模式。

假设要在晚间拍摄黄浦江两岸繁华的建筑和街道，此时灰板测光法已经无法使用了，因为此时的光线环境过于杂乱，你所在的位置可能根本没有光线照到，但远处的建筑却是灯火通明，你也无法跨过黄浦江在高大的建筑上贴上一个"灰板"。但是还记得我们拍摄逆光时的树叶使用过的测光方法吗？直接把测光点放在树叶上就能够拍摄出晶莹剔透的翡翠一般的绿色。而你是否发现建筑在灯光下的照明效果与这种宝石似的半透明光效有几分

相似？可以在一排像是各色宝石砌成的建筑中选择一个亮度适中的，直接对它进行点测光，按下曝光锁定按钮，重新调焦、构图，按下快门。这些晶莹剔透的庞然大物就留在你的照片里了。

这样做的道理，简单地说，其实就是将选定的那个建筑当作18%的灰板了。照片中灰部的丰富层次，让建筑的光线、色彩、质感的最佳表现，形成宝石般的明亮、鲜艳的色泽。同时，天空也会保持原来的黑色或蓝色，夜晚的气氛更加深沉。

4. 多重曝光

从负载着人间悲欢离合的明月，到伊斯兰清真寺顶的一弯新月，月亮一直伴随着人类文明的成长，在人类的生活场景中月亮的出现不仅是一种常见的景象，也有着重要的含义。任何景致中一旦出现那满载一轮悲喜的明月，便会被赋予无限的情感。

但让月亮如你看到的一样出现在画面当中，并不是一件容易的事。我们已经知道月亮怎样拍摄、夜景建筑怎样拍摄。但细心的朋友会发现，每平方英尺250烛光并不是一个很暗的数值。如果你用相机进行测光，同样用ISO100的设置、使用f/8的光圈测量月亮和地面建筑的光线强度，你可能会得到差距极大的数值：月亮得到正常的曝光可能只需要1/15s左右的快门速度，但建筑物则需要1s～2s的曝光时间。因此，当你拍摄带有月亮的景物时，如果景物的曝光是合适的，月亮往往成为一个绽放着光芒的白色圆斑。而如果你按照月亮进行曝光，则月下的建筑都会黯然失色。

不仅如此，如果用广角镜头拍摄宏大的都市夜景，你会发现在照片里，月亮看起来就像是一个"很亮的星星"，有时甚至找不到。广角镜头夸张透视的效果让近大远小的感觉更加突出，此时在景物中本来就不大、距离却又最远的月亮自然被夸张地缩小了。

当然，还有可能在你拍摄时，月亮已经升到头顶，根本无法容纳在景物中。看来要想随时在夜景画面中看到一轮明月，似乎不太可能了。但是我们还有别的办法。如果真实场景中无法拍摄下理想的月亮，我们可以"补上"一个。

相机的众多强大功能中有一项还没有被开发，但是在这时可以大显神通。这就是多次曝光功能。你可以先拍摄曝光正常的夜景效果，拍摄时可以在画面天空的一角留下一块位置，想象月亮在那里，然后抬起头，对着月亮测光，然后把月亮放在刚才预想的位置上，也就是说这时你看到的是，月亮在画面的一角，其他地方都是黑色的天空。按下快门后，你就得到一张像预想效果一样的照片了。

5. 高级夜景拍摄
巧用多重曝光

关于多重曝光，还有很多其他用法。例如，当需要2min的曝光，但相机的最慢快门速度只有30s，而你又没有遥控快门线，没办法使用B门来通过人工计时手动控制曝光。这时可以选择4次多重曝光，每次30s，这样四次加在一起就相当于完成2min的曝光了。

上页图：月亮是夜景重要的表现元素，也承载着各种各样的人类情感。　　光圈f/8，快门1/40s，ISO100

一般拍摄夜间的极光、星星都需要很长的曝光时间。而相机的最长快门时间往往只有30s，在没有快门
线的情况下使用B门又容易导致相机震动。这时使用多重曝光，就可以完成长时间的曝光了。
光圈f/8，快门20s，ISO1000

夜间人像摄影

在夜间有时也需要拍摄人像，建筑可以有灯光照明，但如果拍摄人像，就很难保证有
合适的光源进行照明了。在阳光下，人物与建筑都可以得到同样强度的光照，曝光效果容
易统一，但是夜间不同，一般来说建筑照明需要的灯光比较亮，如果让人物站在同样的光
源下，非常容易因为人物与灯光的距离过近导致曝光过度。而如果让主体站在灯光范围以
外，人物没有光照会与背景形成强烈的亮度差距，这样一来无法让人物与背景同时得到合
适的曝光。

如果你要在何时何地都能够让人物得到合适的光照，唯一的办法就是把灯光随时带在
身上，也就是用闪光灯来进行照明。

现在使用闪光灯一般都结合自动曝光程序，可以通过测光得到合适的曝光，但是在拍
摄人像时，闪光灯的照明角度比较难调整。往往只能从正面的角度闪光，这样一来，拍摄
效果容易显得平淡。此外，闪光灯的照明方向性比较强，也往往容易显得比较"硬"。

在人工光照明的条件下拍夜景，光源的位置就可以有更多样的选择，甚至可以与人物形成互动效果。

光圈f/1.4，快门1/160s，ISO640

有些摄影师会选择离机闪光。很多闪光灯都具有遥控功能，你可以用手拿着另一个闪光灯，举起来，从斜侧的方向照向被摄体，避免平光的缺乏立体感的效果，还可以通过机身上的闪光灯与离机闪光灯的光比，来控制光线的效果。

各个厂商都会生产自己的闪光灯系列产品，而且功能全面，对于很多新闻摄影师来说，闪光灯甚至是如影随形的必备用品，宁可少背一支镜头，也不放下闪光灯。

6. 现场光摄影

如果你终究不习惯使用闪光灯这种不自然的拍摄方式拍摄的话，就需要寻找合适的现场光源进行照明了。商场明亮的玻璃橱窗是一个很好的选择。首先，其亮度适度，既能够照亮人物，又不至于过亮。其次，玻璃窗的灯光效果与白天的窗户的效果是一样的，光线非常柔和，因此拍摄人像时如果能够借助玻璃窗的照明，则会得到比较柔和细腻的光效。

路灯也不错，路光的顶光效果往往能够带来独特的视觉效果，适合拍摄夜晚形单影只的路人。此外，很多照明用的彩灯也能给人像摄影带来另一种效果。总之，尝试在你身边寻找合适亮度的光源，你都能够拍摄出更加自然的照片。需要注意的是，要达到真实的效果，往往需要把现场光源同样纳入画面当中，这样才能让观看者理解为什么人物会在这样的光照条件下拍摄。当然，这些光源往往亮度相对要低一些，所以拍摄起来即便与主体出现在同一画面中，也不至于产生过大的亮度差距。

夜间色彩斑斓的灯光是最适合做虚化的背景的，夜间拍摄时，我们往往会将光圈开大，如果配合长焦镜头，很容易得到小景深的效果。同时，如果背景上有点点的灯光，如路灯、霓虹灯、车灯、交通指示灯等，即便是一个很小的点也会被镜头"溶化"成一个圆面，不同色彩的灯光晕染开来、彼此交错融合，会形成一幅非常漂亮的色彩画，在这样的作品面前，人物的美感会更加强化。

7. 利用水面、冰面、光滑路面反光来渲染夜景气氛

夜景的霓虹灯角度很低，非常容易形成反光。水面、冰面或路面非常光滑时，灯光就会在反光表面上留下反光，有时候一盏小灯就可以在水面上留下很长的倒影。这些倒影让本来就多姿多彩的夜景灯光更加具有梦幻的效果，也可以让一个光源变成"一串"光源。当光源比较稀的时候，使用这种方式能够让画面效果显得更加繁华、明亮。对于曝光来说，更多的光线也让你不至于为亮度不够而发愁，此外"上下皆有灯光"，而且色彩斑斓，而人行走于光线的中间，这让本来就迷幻的夜景灯光效果变得更加具有幻想感。

光线的方向性（硬光与软光）

光线不只有方向，还有不同的特质。阳光直直地照射下来，光线的照射方向非常明确，光照处与阴影处有明显的分界，明暗差别明显，影调锐利、硬朗。我们通常将这种光线的风格称为"硬光"。

透过窗户照在人脸上的光线，呈现"散射"的状态。光线从各个方向照射过来，阴影与光照处之间没有明显的分界线，物体受光面与背光面之间有一个较宽的明暗过渡区域。这种光线效果柔和、细腻、优雅，层次丰富，我们一般称为"软光"。

但是我们会发现窗户形成的"软光"其实光比非常大。由于室内非常暗，在窗前拍摄时如果不补光的话，明暗差距会很大，有时光比比阳光下还要强烈。但是这种光效看起来似乎更加柔和细腻，因为明暗影调之间的过渡显得更加明显。所以，光线效果的"软""硬"只与光线的方向性有关，而与反差并没有太大的关系。极端一点解释，晴天

练习：掌握光线变化

这个练习的时间会比较长，但是非常有价值，而且如果你能坚持下来，一定会对你的拍摄非常有帮助。首先，需要选择一个拍摄对象，比如你家楼下的某个建筑、经常去的花园里的某个角落等。接下来，需要在一年的不同季节、不同时间、不同方向、不同天气的光线条件下，拍摄这个景物所显现的状态。建议督促自己每周都拍几张照片，当天气变化比较多的时候，就要再多拍一些。请尝试将这种练习变成一种习惯，不要当作被迫的创作。这样，12个月之后，你就会发现自己积攒了大量的关于同一景物的不同光线条件的作品，更重要的是，在练习当中积累了大量在不同光线条件下曝光的经验，对于光线会有非常透彻的理解。这种理解甚至是很多专业摄影师都没有掌握的。

利用水面的反光，可以使夜景画面更有"梦幻感"。　　光圈 f/11，快门 15s，ISO50【R】

下，无论你用闪光灯把阴影打得多亮，只要那一条标志着光线统一的方向的明暗分界线存在，这就是光线方向性比较强的硬光，而只要光线是散射光或漫反射光，阴影与明亮部分的边界不那么明显，那就是明显的"软光"了。

什么时候应该用"硬光"，什么时候应该用"软光"呢？硬光一般适合拍摄粗糙、沧桑的事物，比如沙漠、老人的面部等，明晰的阴影会让每一道沟壑都变得深邃、黑暗，与受光面形成鲜明的对比。拍摄棱角分明的物体时，也可以用这种方式来彰显硬朗的外形轮廓和气势。当你要拍摄这样的人或事物时，可以选择在户外、靠近中午的时间进行拍摄，这样强烈的日光能够带来强烈的直射效果。如果拍摄环境局限在室内，你也可以用较强的光源（如闪光灯、瓦数比较大的灯）直接照射被摄者，光线效果也还是比较硬朗的。

相反，柔光显然适合拍摄表面平整、流畅的人或事物。比如玻璃容器、女子与儿童的肖像、流线型的跑车等。拍摄这些事物时，如果在室外，则可以在阴影下拍摄。如果在室内，窗前的位置显然是不错的选择。如果光线条件不够理想而需要使用人工光源的话，你可以把闪光灯的柔光遮片打开，遮在灯前，这样光线可以在一定程度上具有散射光的特点。如果没有闪光灯，你也可以自制一个"硬光"转"软光"的工具，非常简单，就是在比较亮的光源前方30cm左右的地方遮一层白色的布——床单、桌布、衣服等任何足够白又能透过光线的物体都可以。直射光经过布的纹理，改变成了散射光，这样白布其实就是新的"光源"。这个"新光源"的光线效果非常柔和，而且仍然能够看出阴影与受光面的区别，过渡区会非常柔和、细腻。很多影室闪光灯在灯上罩着一个巨大的柔光箱，也是一样的道理。使用这种方法时需要注意的是，往往光线要能够达到一定的强度才能实现比较好的效果，否则本来就很暗的光线经过遮挡，会变得更暗而影响到曝光。此外一部分光线会

拍摄人像作品时最怕大光比，当光线比较强烈时，你可以对人面部的受光面进行测光，让阴影的位置表现为
黑色，以此来表现真实的光线效果——赵嘉　光圈f/11，快门1/125s，ISO50

从布的两侧溢出，照射在墙上反射回来影响光线的效果，因此最好能够遮挡一下。

很多摄影师成功后会被评价为有"天赋"，千万不要相信这两个字！无论有没有天赋，大量的练习都是必不可少的。所有的摄影师都是在面对了大量难以处理的复杂光线情况，有了失败的教训或成功经验后，才能找到自己认为"正确"的曝光方法的。

光线的控制

你没有办法让太阳变暗，也没有办法让霓虹灯光芒万丈。也许你可以调整曝光，让景物适应你的曝光量，但是，没有办法控制光线强烈的反差适应相机的宽容度。其实控制光线也不是不可能，有时候，它甚至是必需的。

1. 大光比时怎么办

如果你去光线强烈、天高云淡的地方，比如去西藏拍摄时，大光比是你要面对的第一个问题。

总体来讲，在大光比下按照主体曝光是最重要的基础。当然，如果按照主体曝光，过亮的地方会变成死白、过暗的地方可能会变成死黑，建议你结合构图，最好不要让死白和死黑同时出现在画面里，这样会比较容易被人接受。

但是，如果你对失去细节的纯黑影像不够满意，也可以用补光的办法控制光线的光比，降低画面的反差。

布光的方法有很多，如我们前面提过的反光板、闪光灯、一些反光的物体或者现场的一些人工光源等。利用这些补光设备将人物打亮，可以减小光比，让画面中的反差降低，令画面看起来更加柔和。

如果在现场找不到辅助光源来缩小光比，自己也没有相关的设备，你还有一种办法来让画面的视觉效果更好一些，那就是使用一些比较能够显示出大光比的独特气氛的拍摄方法和用光方式，伦勃朗用光法就是这时最好用的方法。

花絮：伦勃朗布光法

摄影的用光方法有很多，最基础的用光方法是根据光线的照射方向来区分的，如顺光拍摄法、逆光拍摄法、侧光拍摄法等，无论是在室外还是在室内拍摄，基本上用到的都是这几种常见的用光方式。而在专业的影室中，有的用光方式有着独特的名字，如高低光，就是指用一高一低两盏灯照亮被摄体；如三角光，就是让光线从侧上方照射在人物身上，在人物阴影侧的面部上形成三角形的光斑。但这些用光方式往往需要在室内能够对光线进行随意摆布的时候才会使用到。

我们要讨论的伦勃朗布光法是另外一套独特的布光方式，它不仅涉及光照的方向，还包括现场的环境、拍摄人物的角度等。它对摄影师运用光线时的技术、技巧更加严格。

在荷兰，这个具有艺术气息的国家，将它的名字铭刻在绘画史中的，正是伦勃朗。

伦勃朗是荷兰18世纪著名的画家，他创作出了众多优秀的作品，而他的作品最让后人称道的，就是用光的方式，在众多优秀的古典绘画作品中，伦勃朗的作品是非常容易辨认的。他的作品光感非常独特。他能够用大面积的暗部和突出的光线让人产生强烈的现场感。

伦勃朗的画面中，人物总是侧面朝向观众，光线从人物的斜侧方照向人物，但是他选取的观察角度却是拍摄人物面部充满阴影的一侧。这样一来，只能看到人物被照亮的鼻子的侧面轮廓，和面部最高的部位——颧骨位置上的一点点被照亮的区域。对于摄影者来说，这是一种半逆光的效果，而对于人物来说，这又是一种再平常不过的侧光光效。因此这种光效既能够表现出平和的生活感，又能通过特殊的光线方向达到强烈的戏剧性。指向画外的人物目光又平添了深邃的意蕴。对于要将日常生活表现出戏剧性和深刻感的摄影师来说，这是非常合适的拍摄方式。

这样的光照效果，让人物的大部分处于阴影中，但是最重要的轮廓和面部的轮廓仍然能够被看到。比起正常的顺光侧光照明效果，这种用光方式更具有神秘感、戏剧感，而相比纯逆光剪影效果来说，对于人物面部的信息的记录又丰富得多。

伦勃朗布光法是一种能够充分利用有限的光源的布光方式。尤其在室内，这种用光方式非常好用，让人物侧坐在窗前，我们稍微转向一侧，让人物面部的光线衬托在暗背景下，就是典型的伦勃朗布光效果了。你再也不必为阴影面积过大、过暗而懊恼，因为这时阴影已经成为你画面的魅力中一个重要的组成部分。

而当光源非常简单，只有单一的光源在画面中，亮度又不够时，我们可以充分运用这种用光方式，将黑暗的氛围烘托出来，同时让光线显得更加温馨、可贵。

伦勃朗用光法的曝光方式也非常严格，要表现出阴影的效果，我们需要用相机对准人物被照亮的区域进行测光，而如果反差太大，为了保留一些暗部层次，还需要适当增加半挡到一挡的曝光。要用好伦勃朗用光法，实现良好的效果，不仅要测光准确，也要控制好反差。

下页图：伦勃朗布光法的使用比较多变。但不变的有两条，一是人物距离相机较近的面部的三角形光照区域，再有就是忧郁、厚重的基调。　　光圈 f/8，快门1/200s，ISO100【R】

2. 滤镜的使用

滤镜，就是过滤光线的镜片。我们经常能够看到有些摄影师的镜头第一片镜片不是透明的，或黑色，或其他颜色，这证明他在使用滤镜。

也许有些朋友会觉得滤镜就像墨镜一样，让景物变暗一些，或者改变颜色。如果你去市场买滤镜，会发现一般柜台里都摆满了各种滤镜，每一种都有不同的功能，很多功能是你无法想象的，很多滤镜平时看起来似乎可有可无，但是在关键时刻能够帮你解决很多困难。

中灰镜

中灰镜是最常用到的控制曝光的工具，它的作用是降低光线的强度。电视摄像使用的摄像机除了有调节色温的必要镜片，唯一的内置镜片就是中灰镜。

如果在一个场景的拍摄中一定要使用大光圈的小景深效果，而往往在晴朗的天气里，光线非常明亮的时候，需要的快门速度可能会高于相机的最高快门速度，而相机的感光度又已经达到最低，要获得适当的曝光效果，你不得不缩小光圈牺牲景深。如果这时你手里恰好有一片中灰镜，就不需要做出这种选择了。中灰镜会阻挡住一部分光线，让照射到相机中的光线均匀减弱，这样一来，你就可以开大光圈，来增加曝光，同时得到所需要的景深。

中灰镜的另一个使用方式就是在拍摄流水的时候。我们已经介绍过了，要拍摄出水流像丝绸一样的效果，需要几秒钟到十几秒钟的拍摄时间。这样的快门时间对于白天的拍摄来说远远超过正常的快门速度，即便使用最小的光圈，曝光仍然会过度很多。这时，中灰镜同样是重要的选择。

当然购买中灰镜也要注意质量，要保证吸收光线均匀，这样才能保证画面不会偏色，不会"灰突突的一片"。

渐变镜

如果喜爱拍摄风景，你会遇到这种问题：天空往往看起来很蓝，但拍摄出来就不够理想，总是偏白。这是因为天空的亮度往往比景物的亮度要高，如果按照景物测光的话，天空就会曝光过度，呈现出很白的效果。这时可以选择另一种灰镜，就是渐变灰镜。渐变灰镜上半部是灰色的，下半部是透明的，中间部分有一个渐变的区域。如果用它拍摄风景照片的话，上半部分的灰色会吸收过多的天空光，而下半部分则会让景物的光线正常通过，这样一来就降低天空的亮度，让天空得到更好的曝光效果，天更加蔚蓝。镜片中间的过渡区域可以让从灰到透明的变化更加隐蔽，不会在画面中形成一条明显的分界线，使拍摄的效果更加自然。

现在的渐变镜还有蓝色、橙色等多种色彩可供选择，可以根据表现的需要选择不同色彩的渐变镜。

渐变镜会使天空形成由浅转深的效果。 光圈f/8，快门1/4s，ISO100

色镜在黑白摄影中的使用

有的朋友可能会问，我明明看到滤镜中有很多带有色彩的，为什么说它们不是用来滤色的呢？其实加上有色彩的滤色镜以后，画面的颜色的确会有所改变，但是很多摄影师使用色片并不是为了这个效果。

很多摄影师都是在黑白摄影中使用色片的。为什么反而要在没有色彩的拍摄方式中使用有色彩的滤镜呢？这时使用色镜实际上是为了调整曝光效果，改变画面的影调。

我们都知道白色光是由红、绿、蓝三种原色光组成的，任何景物的色彩都可以由这三种色彩以不同比例混合而成。如果戴上红色的眼镜观察世界，镜片会吸收掉蓝色、绿色的光线，只允许红光通过。这样一来你看到的一切蓝色、绿色，或者由它们混合形成的颜色，比如青色，都会被滤镜吸收掉，成为黑色，而白色光中的蓝绿色光也会被吸收掉，只剩下红色光，这样一来红色的物体与白色的物体就成了同样的红色，同时红绿、红蓝的混合色光则只会剩下红光的部分，亮度会不同程度地减弱。这样一来，不同颜色的景物的亮度就完全被打乱了，你可以在黑白照片中通过这种效果得到更接近你要求的画面。

比如黑白摄影中最常用的镜片是中黄镜，加上这个镜片以后，第一，天空会变得更暗，因为黄色的镜片（黄光由红光和绿光组成）会吸收蓝光，这样天空就会在黑白画面上显得很暗，让人感觉很"蓝"。其次，紫光会被大量地吸收。紫外线虽然人眼观察不到，但却可以被相机拍摄下来，紫外线会在纵深景象的"远处"形成"蓝雾"。而黄镜可以大量吸收紫光，减少蓝雾，保证影像的清晰度和真实感。

色镜还有很多具体的用途。例如，当你要翻拍一张红底黑字的春联的时候，如果不要求色彩的真实性，只要求把字更清楚地拍摄下来，那么这时，可以将红色的滤镜安装在镜头上，因为它可以在黑白照片中让红色"变成"白色，从而加大字与纸之间的反差。

此外，如果你要拍摄的某一物体具有明显的色彩，可以用同样颜色的镜片让它的亮度从周围的环境中脱颖而出，变得更加明显、突出。这是一个在黑白摄影中让主体更加突出的常用办法。

偏振镜

偏振镜是具有更高技术含量的镜片，在摄影中的用法也更神奇，而起到的作用也更重要。偏振镜是利用偏振光沿同一方向振动的原理设计的。光线具有波的特性，因此它在传播过程中是以波动的形式向前传递的。自然界中，太阳等发光体发出的光线会向各个方向振动，而有些光线则只能在一个平面上振动，我们称为"偏振光"。如果设置一个与它的振动方向垂直的光栅，则这样的光线就无法通过。这就是偏振镜的作用。

生活中常见的偏振光有两种：一是玻璃或水面的反光，一是天空的散射光。

有时反光是很让人烦恼的。当你隔着玻璃拍摄室内的某个场景时，玻璃明亮的反光往往会干扰你要拍摄的景物，有时甚至完全盖住了景物的样子。有时桌面、水面等物体上的反光也过于强烈，让我们的画面中出现影响画面质量的高光区。这时我们可以通过偏振镜来调整景物光线强度的比例。将偏振镜安装在镜头上，然后转动偏振镜（偏振镜为了方便

偏振镜在风光摄影中有着非常广泛的应用，它可以使天空更蓝，提高色彩饱和度，并轻微增加暖调

使用，一般都会设计为可以旋转的），你会发现反光的强度会随着镜片的转动而变化，在某一个角度上，反光的亮度会达到最低，达到最大程度上消除反光的效果。

同样，当你在镜头前加上偏振镜后，一边旋转偏振镜一边透过它观察天空，同样会发现在某一个角度上，天空是最蓝的。这是因为天空的偏振光被减弱了。偏振镜的这种效果比起渐变镜的来说要更加自然，因此很多喜欢拍下碧蓝的天空的摄影师都会将偏振镜随时随地带在身边。

也许你要亲自看一下这种奇特的效果。在选购偏振镜时，需要注意两个问题：偏振镜分为圆形偏振镜和线形偏振镜。具体的原理不多去介绍，但是使用上的区别是必须要提醒大家的。这就是线形偏振镜可能会影响自动相机的电子聚焦功能，导致无法聚焦。虽然不是所有相机使用线形偏振镜的时候都无法聚焦，但如果使用自动相机的话，选择圆形偏振镜还是更可靠一些。

此外，偏振镜有时会有偏色的现象。有时候转动偏振镜消除反光或天光时，拍摄的照片整体色彩会偏蓝色。质量不好的偏振镜这种问题尤其明显，有时甚至不能忍受。但是好的偏振镜厂家可以将这种问题降至最低。例如美国的Tiffen公司就曾推出一款"暖调偏振镜"，将转动镜片后产生的偏冷调的效果加以校正。

红色增强镜

有没有技术含量更高的镜片？当然有。

镜片的技术并没有在偏振技术方面达到顶峰，科研人员在不断开发更特别的镜片。其中有一种叫红色增强镜。这种镜片中含有一种化学元素，通过这种镜片的红光会被加强，而其他光线则保持不变。这有点像红色镜片在黑白摄影中的作用。但是要在彩色摄影中实现同样的效果而其他部分不偏色，就非常难了。这就相当于让CCD/CMOS上感红的像素变得更敏感，而感绿、感蓝的像素保持不变。理论上，在数码时代，这是可能通过调整CCD/CMOS的设置实现的。但是在胶片时代，使用正常的胶片要达到这种效果就只能利用化学元素对光线成分的改变作用才达到同样的效果。

红色增强镜常用于日出日落的拍摄。我们经常见到这样的照片，晨曦乍现，阳光还没有照射到大地，只有高高的雪山的顶峰被红色的阳光照射到。这红色非常夸张，如血色一般，但是在洁白的雪山上却显得异常纯洁、耀眼。

有时候也许你注意不到，但生活中值得表现的红色还是很多的。路边的红绿灯、红色跑车、故宫、红旗等，红色增强镜可以让你要表现的任何红色变得更鲜艳、抢眼。

此外，你也可以用1/8或者1/16的曝光量拍摄一下日落后天黑前的景象，然后夜间再对灯光开启的建筑进行曝光。这样，建筑上没有灯光打亮的部分也能够有淡淡的层次，天空也不至于过暗，画面中几乎没有任何部分是完全黑暗的，整体画面既有丰富的细节，又有夜景的氛围和灯光的多彩效果。总之，你的画面会更趋于完美。

第11章 影室用光

光是摄影必备的条件。"不安分"的摄影师，不仅能够捕捉漂亮的光线，更会摆弄光线来为自己塑造照片。光几乎是摄影中最重要的构图工具，它能产生明暗效果，从而实现必要的对比，赋予摄影色彩和色调，以及构成空间深度。

随着科技的发展，人类发明了人造光。在影棚内拍摄照片的摄影师们，是和人造光打交道最多的人。他们利用各种方法，对光线进行着人为改变，从而得到自己想要的效果。广告、时尚、人像摄影中，大多都使用人造光线在影棚内拍摄照片。我们能够看到他们和明星打交道，过着不错的生活，让人心生羡慕。但在这光鲜的背后，是要付出很大的代价，去驾驭光的。我们接下来看看棚内拍摄照片的玄机。

灯光设备

"每时每刻都要注意光线的变化，摄影是光的艺术，不管是阳光、烛光，还是电脑荧幕所产生的光。"——John Rankin Waddell（约翰•兰金）

对于摄影师而言，有光就有摄影，无论是自然光还是人造光，它当然都是制造影像的原料。自然光当然是最好的光源，是摄影中最传统、最自然的元素。但它却不可能被驾驭，光从何而来，又将去往何方都是自然的"旨意"，摄影师没办法去控制它。我们唯一的方式只不过是通过一些小工具来小范围地改变光线的路径，比如反光板、柔光板。但它们的效果永远是极为有限的，人们所能够做的最有效的事情，也不过就是等待，除了等待光线，等待适合的拍摄时机，我们并没有更多的选择。你很难随时使用闪光灯这样的人造光源来打亮周遭，不仅仅是因为便携闪光灯的光质不够稳定，更大的问题在于要改变光线的性质、走向需要大量的人工干预，这些事在室外使用的难度相对较大，否则就不会有摄影师起早贪黑地去玩命拍摄了。

摄影是艺术，艺术一定是需要人为干预的，同时对于摄影商品的创造者们来说，人为的可控性同样极为重要。你能想象一家工厂的正常运行是要"靠天吃饭"吗？工厂所需要的能源最好是随要随有，任何时候都能够进行工作。对于摄影，影棚就是摄影师们的工厂，这个工厂依靠各种不同的人造光源、光源塑性附件来生产。艺术摄影师就像是保时捷的生产工厂，而商业影棚则像是量产车的工厂，它们同样具有高端与低端的差异，因为所拍摄的对象不同，使用的工具则必然不同。

下页图：棚内拍摄的时装广告大片

影棚内灯具

1. 人造光源

光是能量释放方式的一种，人造光源就是那些通过人工干预而非自然产生的能量释放。它们可以像爆炸一般，急速地输出光线，也可以像火把一样持续"燃烧"。因此，我们所使用的人造光源通常就被分为了一瞬之间的闪光光源和持续放射的恒定光源。当然这也只是极为粗略的一种分类，人为产生光的方式太多了，对于影像产生的影响差异也极大，这也就会涉及产品光线质量的问题。

我们不得不感叹大自然的伟大，来自太阳的自然光有着最好的光质，摄影棚当中的光源都希望能够达到自然光的水准，但就人类科技现在的水准，这极难达到。自然永远是对的，我们只能远远地跟在它的背后，不断地努力，期望能够离它的背影更近一些。

对于人造光源的评判，我们通常会采用一些量化的指标来具体评价，色温、显色指数（Ra值）、光谱特性，这三个指标是对于光本身最主要的表述。当然肯定不止于此，由于多数人造光源的发光范围都很小，因此我们通常还需要各种不同的塑光附件来改变光线的方向、位置、品质等。总之，人造光源系统是既复杂又简单的。其复杂性在于难以被准确、全面地评判；其简单性在于它的结果简单直接，好的光源与普通甚至凑合的光源所拍摄出的影像绝对是天差地别的，在这方面照片绝不会说谎，也没办法说谎，所以你应该对它有足够的认识。

闪光灯光源

一提到摄影的补光，多数人都会想到闪光灯，或者相机上自带的小闪光灯。同样是闪光灯，它们的价格和品质却差异极大，我们常用的外置闪光灯与影室闪光灯有什么差异？

国产普通闪光灯与一线品牌的闪光灯之间又有哪些不同?

首先,需要了解一下使用闪光灯的原因。要知道在摄影之初,大量的室内拍摄使用的都是恒定光源,通常老照相馆里都使用大瓦数的钨丝灯来补光。钨丝灯光源的光质用于拍摄黑白底片其实没有问题,但是它最大的麻烦在于其光电转换效率太低,高亮度的钨丝灯光源会产生大量的热量,经常会给拍摄带来很大的麻烦。同时大功率钨丝灯也非常费电。

当然,我们也并非没有其他的解决办法,那时候也有很多人会使用一次性的闪光灯泡,但是它比较昂贵,并且拍摄的效率很低,使用的范围并不是特别广泛。不过它也算是电子闪光灯的前身,至少光源类型相同。它们都是极短时间内的能量释放,闪光灯的发光持续时间极短,通长都不会超过1/100s,并且它的瞬间亮度输出经常可以达到几百瓦,甚至可达上千瓦传统钨丝灯的亮度。而且由于它的能量释放是一瞬间完成的,因此,产生热量很少,同时还特别节能。优质的闪光灯产生的光质也相当不错,无论是光源的光谱特性,还是显色性,都比绝大多数日常的恒定光源更加适用于摄影,特别是能够满足彩色摄影的需要。所以自电子闪光灯发明之后,它基本上在摄影领域取代了恒定光源,我们现在所看到的平面广告,估计90%都用闪光灯来布光。

影棚内使用闪光灯拍摄的照片　光圈f/1.4,快门1/250s,ISO100

1)优质的闪光灯

光质、稳定性、耐久性、操控性,这些是评判闪光灯性能的基础要求,如果再针对一些特殊应用,我们还可以对闪光灯的回电速度、闪光持续时间等提出要求。对于大多数使用闪光灯的人来说,光质和耐久性一定是最优先考虑的问题。闪光灯与所有的摄影器材一样，其实都讲究"一分钱、一分货"，闪光灯的定位一定是如此，对于很多特别昂贵的闪光灯，它们的光质可能与还不错的产品的光质真的差别不大。而更加昂贵的价格通常与其他方面的属性有关，或许是便携性，或许是商业使用中的稳定性，也可能是因为它拥有一些不可被替代的超牛附件等。一名成熟的摄影师，不同级别闪光灯给予他的回报与其售价通常是对等的。当然前提是你真的能够驾驭它们，好的器材总是在想各种方法来满足优秀摄影师们的需要。

对于闪光灯的选择其实并不是太多，在影棚内使用，当然一定要用影室闪光灯。我们平日里使用的外置闪光灯，比如尼康的SB910，这一类闪光灯在影棚内就没必要使用了，这些便携式闪光灯的任务就是户外补光，它们与影室闪光灯完全不是一个层面的器材，完全没有可比性。而在选择影室闪光灯时，具体的型号并不是选择的焦点，你的首要任务还是先选择一个性能和价格都适合自己的闪光灯品牌。

一定会有实用主义者希望在这里能够发现几个价格低、质量好、光质好的产品，但是真的很抱歉，世界上真的没有这样的产品。从某种程度上，闪光灯与镜头有些相似，它们的品质是硬件投入与设计结合的产物。但不同的是，镜头我们可以比较直观地进行自我测试，而闪光灯的量化测试却非常非常难，普通大众当然是无法完成的，因为这需要大量的专业性知识与仪器。所以对于普通消费者来说，选择品牌特别重要，这决定了你是否能够长期、顺利地去完成自己的工作。思路很简单，每个成熟的品牌都有自己的专长，也有自己的气质。苹果无论它推出什么样的产品，总是让人惊叹、兴奋，但也相对昂贵。戴尔也总是生产符合其品质要求的产品，它们实用、性能稳定、价格适中，无论在哪个领域都是如此。这两个品牌的忠实用户一定是不同圈子的人群，想必不会有人按照对于苹果的要求去要求戴尔吧！因此，你有确定的目标人群方向，那么选择对应圈子都在使用的品牌就是最好的选择。

闪光灯对比

2）闪光灯的品牌选择

对于闪光灯品牌的选择我们建议要慎重，如果你仅仅是用于练手，那么买一套价格合适的小功率国产影室闪光灯套装就可以，这算是你学习的一笔必要的投资。如果已经有一定的基础，并且打算组建自己的影室，就不能如此草率，如果后期中途希望更换品牌，那真是既浪费钱又费精力。

商用闪光灯的基本要求有三个方面：光质、稳定性、耐用性。光质主要取决于闪光灯管和控光附件的品质，优秀的品牌通常都有保障；稳定性体现在闪光灯能在一段时间（一个工作日）内的色温偏差尽量小，这样能给后期减少许多不必要的麻烦；商用闪光灯一定要耐用，如果在工作期间出现问题，这真的是很恼火的事情。能够满足以上要求的闪光灯品牌我们大致可以将其分为三个档次，国产高端品牌、进口主流品牌、一流高端品牌。

闪光灯的技术其实并不是特别难，从理论上来说只要我们所使用的硬件能够达到需求，并且电路设计还不错其实就能够生产出还不错的产品。国产高端产品，其实光质都还不错，比如金鹰的旗舰（Flagship）系列、光宝的LB猎豹系列、BOWEMS（保荣）的Gemini Pro系列。其中保荣其实是一个还不错的英国品牌，不过它现在有大量的产品都在中国生产，只有高端的电箱闪光灯才在英国制造。因此其实一些非电箱独立闪光灯的产品也不错，对于工作量并不是很大的影棚已经非常足够使用。这些优质的国产灯都不错，但是从控光附件的材质，到具体的电路设计，这些产品与国际一线、二线的品牌还有一定的差别，当然价格确实也有较大的区别。通常每上升一个档次，你的预算都会大幅提升至少一倍才能够达到需求，这也必须要纳入考虑范围之内。

国产闪光灯

对于相对专业的影棚，特别是为4A公司拍摄产品广告的影棚，光质当然不用说，在这之上闪光灯的稳定性和耐用性是格外重要的，任何不可控的小偏差都会给后期修图带来麻烦。所以对于这样的需求一定要选择国际主流品牌的专业产品，比如elinchrom（爱玲珑）的Style BRX系列和Ranger RX电箱系列、BOWEMS（保荣）QAUD电箱系列等。通常商用专业影棚使用这些设备已经完全能够满足绝大多数拍摄的需求，这些闪光灯设备基本上是无可挑剔的。不过对于一些极为苛刻的摄影师，特别是拍摄胶片的摄影师而言，他们仍然认为这些主流产品还不够稳定，在高强度使用一段时间之后也会出现色温不稳的现象。

进口闪光灯

　　当影棚需要达到顶级的质量，或者定位于高端大型商业广告，比如给奔驰拍广告、给欧莱雅拍平面广告、为国际著名人士拍摄肖像，那么就当然要使用一线的高端闪光灯品牌。Broncolor（布朗）、Profoto（保富图）、BRIESE（贝尔沙）、HENSEL（康素）是最常见的几个一线品牌，它们无论是入门级产品还是专业产品都有着一流的品质，同时还拥有质量相当棒的附件，虽然它们价格昂贵，但确实很难找出其他更好的选择。以BRIESE（贝尔沙）为例，它的整套系统都采用模块化的设计，同时它也以提供超高功率的光源输出、独一无二的可变焦大幅面伞形聚光罩而在业界闻名，许多摄影师也将其称为"最为昂贵的灯具品牌"。它的灯头可以与其所有的相关附件通用，而且其灯头有闪光灯、HMI日光灯、卤素灯三种类型的灯泡可供选择，所以它可以是闪光灯也可以是恒定光源，当然这些光源都可以使用贝尔沙的那些巨型伞罩（最大的直径达到3.3m），也可以使用其他所有的普通控光附件。整套系统是非常高质、高效的，这也是一流灯具品牌的设计思路，Broncolor（布朗）、Profoto（保富图）也都是这样。这些产品都是为了让摄影师高质量、更容易地完成工作，如果拥有了这套系统，你会因为使用它而感受到工作的愉悦，不会再想用那些低端品牌的产品。此外，每一个高端的灯具品牌也都有自己的专长。Profoto的超高速闪光回电、优质的环形闪光灯，布朗极好极稳定的光线品质、丰富高质量的附件，康素全面的产品线且相对更适合的价格，这些都是选择时同时应该考虑的。

高级进口闪光灯

恒定光源

摄影器材总在向着越来越方便的方向发展，之前我们说了许多闪光灯光源的优势与老式恒定光源的劣势。不过随着新技术的不断发展，恒定光源的亮度、功耗、寿命也都有了突破性的发展。大面积的大功率LED光源、石英灯、卤素灯、镝灯（HMI灯）、全光谱灯管、三基色灯都是常用影室灯。其中LED光源、镝灯（HMI灯）、三基色灯是现在广泛使用的新型光源，它们亮度高、发热相对小、光源稳定。那些高功耗、发热量大的石英灯已经用得比较少了，现在它们多数只在低成本应用或者一些有特殊要求的拍摄当中被使用。

1）恒定光源的种类

其实就光源质量而言，恒定光源与闪光灯并没有特别大的差异。无论是光谱特性还是色温的准确性，只要不对成本有太大的克扣则完全能够达到同一水准，常亮光源的灯泡的细分种类、编号比闪光灯管的要多得多，从低端到高端、从小功率到特大功率一应俱全。因为它们的使用范围实在是太大，相对而言摄影只是非常小的一部分，特种常亮光源在电影工业、医疗、工业方面的应用是极为广泛的。之所以前面强调不要克扣成本，主要是由于我们通常在摄影器材城或者网络上看到的常亮影室灯都相对便宜非常多，并且多数人也没有接触过高端的常亮光源，甚至形成了专业的用闪光灯、低端入门的用常亮灯的"偏见"。

实际上许多优质的常亮灯，光它们所用的灯管就价格不菲，一些显色性极好的专业拍摄灯箱所使用的全光谱灯管经常都是几百元一只，而且一个灯箱当中至少都会用到四只以上，而这还仅仅只是灯管的价格，整体灯箱的售价当然不必再多说。你可能会说那我们不能用更加廉价的光源替代吗？比如，当你需要使用这种灯箱照亮一幅需要翻拍的字画时，假如想忠实地还原被摄体的色彩、层次，达到"所得即所见"的要求，那么别无他法，这其实也是它昂贵的原因之一。

恒定光源

2）恒定光源的优势

多数摄影师不选用恒定光源最主要的顾虑在于它们的光质与热量，当我们选择新型光源解决了这两个问题时，那么恒定光源的优势就再明显不过了。使用它你可以完全看到即时的光效，虽然很多闪光灯也有等比例的造型灯作为布光提示，但是毕竟它们还需要进行光比转换，你没有办法看到最终各个部分的光线关系，而恒定光源可以做到。同时当你使用控光装置进行光线的区域化调整时，恒定光源仍然比闪光灯更好操作。你不用再花太多的时间来学习如何预估闪光灯最后的光效，使用恒定光源只需要直接在被打亮的场景中发挥想象力就好。

此外，恒定光源是持续的光线，而非闪光灯的瞬间高亮度光线，长时间拍摄人物不容易产生疲劳，特别对于小孩子来说恒定光源对眼睛要更加安全。同时由于光源的光线持续时间与快门的速度是相同的，整个画面的曝光在一段时间内也是相对持续的，整体的画面质感与其他也有所不同。相对于闪光灯，恒定光源看起来更为柔和、自然，当你降低光线输出、增加快门时间时，还能够用来表现烟雾、流水这样一些特殊素材的质感，而这往往是闪光灯所不能完成的。

你完全可以将恒定光源看作是大号的台灯，由于没有同步引闪的过程，当然也就不必担心相机与灯之间的同步问题。而且它们也能用于视频短片拍摄，对于新型的影棚来说，恒定光源设备似乎已经不可缺少。

3）恒定光源的选择

对于影棚的应用，现在已经有大量的闪光灯品牌开始制作提供恒定光源的产品。特别是许多国产闪光灯厂商都在进军LED恒定光源设备市场，它们的外形通常与闪光灯的无异。因此，如果你是某个国产品牌的使用者，过去所有的控光附件都可以继续使用。而且由于国产灯大都使用进口品牌的卡口标准，所以即便你拥有进口品牌的闪光系统，那么多半也能找到与之匹配的国产品牌恒定光源灯具，将其作为对于恒定光源的尝试也不错。

·LED

国内品牌大举进军恒定光源的同时，你也会发现似乎很多知名的品牌却并没有和国内厂商一样大力开发LED的恒定光源设备，一些开始使用LED光源的厂商，其产品价格也并不像我们想象的那般平易近人，反而更加昂贵，这样的反差不得不让我们做出思考。

LED最大的优势当然还是在于它的低耗能、高亮度，这是我们大力开发它的直接原因。但是作为一种参与成像使用的人造光源，它却有着一些亟待改进的小缺陷。首先，也是最重要的，光质。作为影像拍摄使用的工具，光源最重要的特性就是它的显色性，与其相关联的数值叫作显色系数，用Ra表示。显色性与我们所能看到多少色彩直接相关，通常我们定义显色优良的光源显色指数Ra值应该大于80（最高100）。比如，用作标准光源的全光谱灯管，它的显色性就可以达到Ra98，基本上与日光非常接近，因此翻拍画作、检查印刷品都使用这种恒定光源。LED有很多种，高端的RGB LED显色性也相当不错，但它们过于昂贵，仅主要被用于高端的专业显示器当中。我们现在所见到的多数普及型的LED光源，从光谱上看并不是平滑的，它们在紫色、青色、红色这三种色光的频谱上相当薄弱，因此整体的显色性受到了很大的制约，显色指数Ra通常只能在50~70之间，用于照明是没有问题的，但是用于成像则显得力不从心。其次，LED的发光面是一个平面，属于直线性光源，而传统的光源几乎都是发散性光源。因此LED光源不能直接使用过去发散性光源的控光附件，而应该重新设计发光部分或者配合新设计的附件。很多国产产品直接套用过去的设计方案，从本质上来说并不严谨，如果只是用于柔光箱还可以，但要使用雷达罩、反光罩，则难以达到好的效果。以上这两个大的问题是许多传统闪光灯大厂没能涉足LED的重要原因。

现在市场上，我们唯一能方便买到的，使用LED的专业灯具只有德国dedolight（特图利）生产的DLED系列。它拥有为LED而专门设计的镜组，可以实现光线的大范围变焦，从聚光的小角度到散光的广角，它能够输出干净、柔和的光线，让我们能够非常方便地直接布光。同时它拥有灯光、日光、灯光/日光混合光三种色温的灯头，除价格比较昂贵之外，很难找出明显的缺点。

LED恒定光源

• 卤素灯和镝灯（HMI灯）

这两种光源是最常用的恒定光源，多数影棚都使用它们。卤素灯其实是钨丝灯的一类变种，它们的寿命和亮度都有很大提升，色温也为灯光型（3 600K），显色性与钨丝灯的一样都非常好，光谱过渡平滑。不过由于它的本质仍然是钨丝灯，所以发热量也挺大，通常不会使用功率非常大的。特殊的大功率灯具会用在电影外景中，影棚中用得相对较少。而镝灯（HMI灯），也称为太阳灯，由于色温接近日光，显色指数Ra通常大于80，因此常被用于模仿日光的效果。这两种光源都是类似于日常使用灯泡的发散性光源，为了增强光线的指向性，通常会采用菲涅尔透镜汇聚光线，因此也统称为菲涅尔聚光灯，或者电影灯。这种结构的灯得到的光线性质也很像日光，所以模拟户外光线时多数都会用到它们。

专业恒定光源的品牌相当多，Konova、Amnova、KINO、ARRI都是相当不错的选择，其中ARRI、KINO最为著名，同时也相当昂贵，主要是在电影拍摄当中应用，专业的摄影棚也会使用它们。其实就这一类恒定光源，普通的影棚并不需要完全购买专业的品牌，许多国内生产的类似产品也都不错。由于我们拍照片很少会用到大功率的恒定光源，所以国

电影灯

产灯具的可靠性也不错，只要它们所使用的灯管和材质都耐用、做工也可靠，那么通常还是值得信任的。

• 三基色灯箱

相对于高端的全光谱荧光灯管，优质的三基色灯管虽然性能没有那么强，特别是显色性要稍欠一些，但是它们的价格却便宜非常多，相当适合大规模使用，比如用于大面阵的摄影用灯箱。而且三基色荧光灯管的型号众多，长短各异，因此灯箱的形状相对来说可以非常随意，长条形、圆形、矩形都可以，并且面积可以任你想象，少则两根灯管，多则数十根都可以实现。你完全可以根据具体的需求而定，如果没有适合大小的灯箱，还可以将不同灯箱拼接在一起，甚至可以找一些专业的工作室来定制需要的灯组，它并没有太高的技术含量，相对于闪光灯它真是小菜一碟。

说了那么多，根本的核心点还是在于光质，这对于恒定光源真的非常重要。如果你现在仍然在使用像节能灯一样的麻花型的国产三基色灯管，那将它换成稍微贵一点点的影室闪光灯可能会是更加明智的选择，至少低端闪光灯的显色性也还不错，多花点时间后期调调也还是可以的。如果你希望使用三基色恒定光源，欧司朗或者飞利浦的管状灯管才是基础，即便不是高端型号，其光质也要好不少。

最典型的例子就是一款叫作Proeasy（易摄宝）的专业影室灯光组合，整套系统就是由几个可以自由组合的三基色灯管灯箱所组成的。其光线细腻柔和，每组灯箱可以独立调整亮度，与原厂静物台、层板座椅相配合，就可以非常容易拍摄出相当专业的小物品产品照或者人物大头肖像。由于它是恒定的灯箱，所以完全可以用肉眼观察调整光位和亮度，然后将相机设定到P挡甚至自动挡来拍摄。这一类设备其实还挺多，而且都非常易用，日常拍摄一些淘宝产品照、相对简单的物品广告照片，根本就不再需要非常专业的摄影师来操作，有一定的基础摄影技术，并具备不错审美的爱好者就完全可以拍摄。

三基色灯

便携静物灯箱组

• 其他类型恒定光源

以上我们都以光源类型来区分主要的恒定光源系统，在这之外其实还有很多的衍生产品。其中LED灯珠面阵是这两年开始为小成本视频制作大量使用的灯具，它大小各异，并且很多产品都可以将小面阵组合起来形成更大幅面的面状光。同时它们还使用索尼摄影机标准的锂电池，具有很好的通用供电系统。虽然它们的显色性仍然不够好，但是使用太过方便，在要求不是特别高时也不失为一种实用的选择。当然如果有可能你还可以将它作为闪光灯系统的辅助，用闪光灯做主灯，灯光型LED面阵光源作为辅助光，调和整体环境的氛围也不错。

此外，还有一种用于光绘或者照亮特殊细节的专用光纤灯。使用它你可以进入一些其他灯具所难以到达的地方，为它们提供微弱的光线。光纤材质具有弹性，可以在离开主灯比较远的地方来照亮主体。光线灯的光源通常与光纤的直径是相同的，从几毫米到一两厘米不等。当然由于它们太过专业，通常只有很专业的静物广告影棚，以及有特殊需求的摄影师才会购买，因此可选择的范围很小。比较著名的光纤灯是由Hosemaster生产的，国内比较难买到，通常需要海外采购。它使用13mm直径、5m长的光纤传导光线，主灯箱中则使用体积小、亮度很高的氙气灯作为光源。通过光纤导出的光线亮度很高、范围小，可以作为泛光灯，像画笔一样分层、多次地光绘主体。还可以在它前方增加色片，将不同的色光搭配使用，从而实现独一无二的光线氛围。

2. 控光附件

如果将整个人造光源系统看作一个人，前面我们说的所有光源本身就是这个人的心脏。心脏固然重要，但是脱离控制光线的这双手，即便它无比强大，但也只能止步于此。想要在影室当中模拟出不同的环境光效和特殊的光感，脱离这些附件，将只是一个美好的念头，无法被转换为现实。

影棚拍摄布光的目的并不仅仅只是还原现实生活场景当中的光线效果，现实通常只是棚拍布光的灵感源泉，如何在此基础上实现摄影师个人对于被摄体光效的理想诠释才是棚拍所需要达到的目的。之所以将控光设备比喻成双手，最为重要的原因，其实是我们影棚中的光线，应该像制作陶器一般。光源的光线就是一团准备好的陶土块，我们使用这双手去塑形，无论是大范围的光线氛围营造，还是小区域内的细节调整，都使用双手去感受、精雕细琢。亦如制作陶器艺术品，控光也是一门技艺，你需要花很多时间去积累，去观察体会。没有人天生就能制作出精湛的陶器艺术品，大师们的手也要练到如机器一般稳定，甚至要能精巧地控制指尖的变化，才能驾驭技术成就艺术，学习控光亦然。

控制光线无非三个技巧，反射光线、透过光线、吸收光线。这也是我们所有控光技术的基础，以及所有控光附件的设计工作原理。附件可以随意变换，任由想象力去创造。但将这三个原理深入理解，沁入创意的灵魂，理解这一切就简单而自然了。

反光附件

"入射角=出射角"，这是光线反射的原理，无论反射面是曲面还是平面，这一定律始终适用。平面是最简单的反射面，它们仅仅改变光线的传播方向。曲面是反射平面的延伸，它们将每束光都射向不同的方向，但这些方向的改变仍然是可以被充分控制的。再进一步延伸，我们则可以在平面或者曲面的表面再增加各种细小的复杂反光面。由此一来，我们就可以创作出很多能够营造不同光质效果的反光类附件。

1）反光板

这是最简单的一类反光附件，同时也是用得最多、最普遍的光线控制方式。反光板只是一类附件的统称，根据反光材质的差别，具体形状、大小的差异，我们所能够得到的光质完全不同。人像拍摄中我们就经常用到一种三合一的反光板，拥有银色、金色、白色。银色和金色属于反光平面，因此对于光线原本的质感不会有太多影响，但金色会让光线变暖。而白色由于通常是布面的，虽然它仍然是一个平滑的平面，但是放大来看其表面却有很多的凹凸结构，因此它介于镜面和无规则反射面之间，反光量更少，光线也更加柔和，光的指向性被减弱。光线指向性大致可以用光线的软硬来形容，光线越硬被摄物的阴影则越明显，光线越软阴影的明暗对比越小，由明至暗的变化也更为柔和。

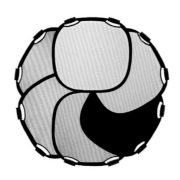

反光板

反光板做辅光

　　学习控制光线的过程，也是学习不同材质改变光线的过程。影室当中我们会用到很多不同材质的反光材料，如大面积的白色泡沫板、用金属框支撑起来具有反光性能的硫酸纸或织物、普通的铝塑板、被各种特殊化处理的锡箔纸等。我们用不同的材质改变光，再通过这些不同的光线来展现不同的材质光感，是不是听起来很有趣呢？

　　反光板的应用非常有趣，它可以是主光源之外的第二光源，同样可以成为整个光环境的第一光源。当你将闪光灯对准天花板，或者直接对向身后的房间照射，无意间墙面就已经成为一个大面积的光源，因此闪光灯并没有直接照亮主体，而是等效于整个房间是你的光源。这个反光方式也经常用于影棚当中，不过过程可能会更精确一些。

　　一些专业影棚，比如汽车影棚中，整个屋顶通常都是一个大型的柔光灯箱（柔光箱细密的柔光布本身也是反光板）或者用金属框细密布面组成的反光屏。这些附件都可以向下移动，或四个角单独移动。当然你可以如常规使用那样，让光线通过这些柔和的材质来得到一个明亮的天光效果。而有时，当我们不需要很强烈的顶光，而只是希望有一个柔和的环境光时，那么用一个大型闪光灯或者太阳灯对准它们，将其变为大型反光板，就可以得到很好的效果。

　　在综合的多灯应用当中，反光板的使用通常都是为了减小反差，弱化直线光源所造成的阴影。使用反光板之后，整个光线环境总会向着更加明亮的方向发展，因为反光板将那些光源流失的光线都反射到了主体上，或者环境当中，当然这应该是因为你希望这样做。如果你希望的是增大反差，甚至是让光源的照射更为纯净，那么则需要将反光去掉。这时便不是反光，而是消光。

2）反光罩

反光板控制的是已经输出的光线，而反光罩则是控制光源本身。它们让灯管那些四射的光线改变方向，从而用我们所需要的光线方式输出。灯具输出光线的直线性光与散射光，是如同日光一样直线性很强，还是同磨砂灯泡那样充满了柔和散射光？光源的光线输出角度怎样？光源照射在主体或者其他控光设备上的范围、边缘是否生硬？这些问题都是由反光罩所决定的，几乎每一种主要的光源都在使用反光罩。看看你的手电筒，它是不是也有一个银色的小碗呢？你的台灯是不是都有一个曲面的反光面将反向射出的光反射向正面呢？就连显示器，其背后最后一层也都有一个非常特殊的反光面，否则我们没有办法看到液晶屏所显示出的图像。反光罩在照明光源中的应用几乎可以达到100%，可简单可复杂，但总是需要的，并且极为重要。

摄影光源中反光罩影响最突出的一定是闪光灯，它们在我们的影室拍摄当中依然是中坚力量，并且光源的结构很适合换用不同附件来实现不同的光效。恒定光源通常采用相对封闭的附件系统，其本身出光部分的可变动自由度很小，因此多数的特殊反光罩几乎都是针对闪光灯而设计的。

反光罩的类型大致有三种：不同开口角度的标准反光罩、光效更加柔和的雷达罩、伞形反光罩，通常特大型的反光伞也被称为"太阳伞"。此外，各种不同的柔光箱算是一种混合控光附件，它将反光罩与柔光设备结合起来，但由于其最终效果是想呈现出一种大面积的面状光源，所以我们把它单独归类。这三种反光罩结构差异很大，它们的设计差异最终将在光线的质感上造成差异。

- 标准反光罩

标准反光罩是三种结构中唯一光源直接暴露在外的，因此它的光质也最为强烈。散射光较少，主要都是非平行的直线光，因此直接照射主体反差比较大、较生硬，其程度与开口角度、反光罩外径大小有关系。开口越大、外径越大，光线则倾向于柔和，同时灯光的照射面积也会更大。根据反光罩材质、反光纹理的不同，被照射面从中心到边缘也会呈现不同程度的亮度衰减，许多摄影师也经常会利用这种光线的渐变来得到一些特殊的光效。

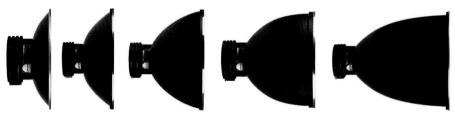

不同规格的profoto反光罩

- 雷达罩

相对于标准反光罩，雷达罩不仅光源不会暴露在外，光线比前者要柔和不少。同时它的出光面积也可以大很多，许多国内的产品直径都可以达到55cm，国外也有一些独立的配件厂商会提供更大尺寸的定制服务，最为著名的就是被称为"美人碟"的MOLA（MOLA是一个品牌）雷达罩。传统雷达罩多数是平滑的碗形，而MOLA则为波浪形，从常用的22

英寸（约55cm）到40英寸（102cm），可以根据具体的灯具和使用需求选择。同时它也将传统雷达中间的金属反射面改为了孔形反射面，且可以在此基础上再增加柔光玻璃。当然无论是雷达罩还是MOLA，它们都有着很适中的光线硬度（介于标准照和柔光箱之间），对于亮部到暗部的过渡比较平滑，但明暗光比仍然较为明显，因此它们很适用于人像的拍摄。当然MOLA的效果看起来会更加"高大上"一些，而且它提供白色、银色两种内壁。白色相对柔和，适用范围更广；而银色则更硬，适合拍摄男性人物。不过无论是传统雷达罩还是MOLA，它们前面都可以加蜂巢、柔光布之类的附件，光线硬度也是可以调节的。不同的控光附件从来都不会只是单独去使用的，反光、柔光、消光三种原理的混合使用相当重要。

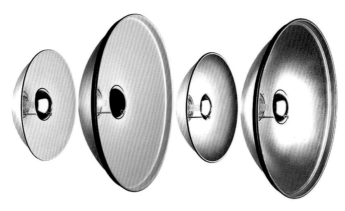

不同规格的雷达罩

不同的MOLA"美人碟"

· 伞形反光罩

伞形反光罩是不同于反光伞的一种控光设备，它的本质是一种能够收缩的反光罩。而反光伞则需要与标准反光罩结合起来使用才可以，并且前者的曲面弧度通常都大于普通反光伞的。伞形反光罩的最大优点在于它能够收缩，重量也比较好控制，因此伞形结构能够做到很大，比如BRONCOLOR（布朗）和BRIESE（贝尔沙）所生产的那些巨大的"太阳伞"（直径都超过1m，最大的可达3.3m）。这么大直径的控光设备使用普通的金属成形结构成本很高，而且难以接受的重量也将是影室使用的大负担（大型的伞形结构）。

普通的伞形反光罩的光线质感介于标准罩和雷达罩的光线质感之间，明暗过渡比雷达罩产生的明暗过渡也更硬一些，适合与其他的控光设备配合使用。而大型的"太阳伞"

又是另一种质感，它们的出光面积相当大，同时光源的输出功率也相当高。通常使用一个"太阳伞"就能很均匀地将人打亮，在纵深较大的大型棚中，我们可以用它直接模拟自然光来拍摄大型的主体，使用一次你就会被它们的质感迷住。

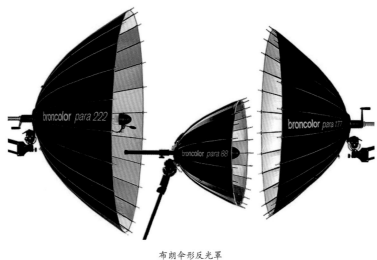

布朗伞形反光罩

• 反光伞

对于许多初识影室摄影的摄影人而言，反光伞通常是他们使用控光附件的开始。当使用闪光灯直接照亮主体之后，经常会遇到画面看起来太硬的问题，除非使用反光板补光，否则画面的明暗差总是会很大。反光伞能让光源的等效被照亮面积更大，调整好伞与灯的距离后，等效光源面积将与伞的大小相同。反光伞的反光面也分为银色和白色两种，与面积差不多的柔光箱比起来，按光线的硬度从高到低依次是银面反光伞、白面反光伞、柔光箱。实际上反光伞的效果在所有附件中仍然算是光线比较硬的，同时由于伞柄没有办法从灯管的中间穿过，因此具体光线输出时需要经过一定的测试才能够了解它的光效风格。总体来说，反光伞很适用于室外场景拍摄，或者希望在室内突出被摄体轮廓的时候使用。

westcott反光伞

• 束光板和束光筒

布光时经常也少不了需要加入一些戏剧化的效果，比如用更亮的光线突出大环境中的一个人，或者被摄体的某一个部位，或者将光线束缚在某个被控制的特定区域当中，这时你就需要使用束光板或者束光筒这样的附件来实现。束光板可以将光线束缚成长条状的光带，而束光筒则将光线呈现为追光灯一般的圆形光束，并且可以根据出光口的直径调整束光的程度，同时是否加装"蜂巢"网格也会影响束光效果。

束光筒

透射附件

作为光线柔化最为重要的方式，透射在拍摄当中也发挥了不可替代的作用，由于柔光附件通常在微观上都是非常不平坦的，因此当一束直线性的光线透过它们之后，就会有一部分光线发生折射而形成散射光，柔光纸、半透明亚克力板、柔光板、柔光箱、柔光伞等都是如此运作的。因为它们有这些特性，因此通常会将它们与反射附件合起来使用，反射帮助我们确定光线的方向，而透射帮助我们将这些光线柔化。虽然这个过程好像是挺简单的，不过这其中却蕴含了影室拍摄的精髓。反射过程和投射过程的附件选择，相互之间的距离，具体附件的材质都将最终影响光质和效果。

1）柔光材质

理论上所有具有较好半透明性的纸张或者织物都可以用于光线的柔化。纸类柔光材质我们通常会用卷筒硫酸纸或者牛油纸，它们很容易使用，大小比较容易被控制，同时价格也不贵，弄脏之后随时可以更换。而美术纸、宣纸其实也可以使用，只不过它们用起来可能没有硫酸纸那么方便罢了。在专业摄影师的影室里，你可以找到很多不同材质的小东西，这没有绝对的规则，只有是否适合这一个条件。如果你用打印纸可以得到适合于某种材质独一无二的效果，那又有什么不可以使用的呢？柔光纸这种东西，不用太介意产地、昂贵与否。如果你刚开始拍摄，最好将能想到的材质都去尝试一下，了解其性质之后再去确定到底用哪种纸做常备品。

之所以我们将柔光纸放在第一个来说，那是因为它们真的是方便且万用的光线柔化材质。你可以配合任何附件使用，经过少许改造可以在一些特定情况下替代柔光箱、反光板、背景布之类的附件。如果你觉得标准罩的光线有些硬，那么第一时间你可以用话筒型灯架挂上一块柔光纸，并放置在主体和灯具之间，这样就能够降低光线的硬度。在拍摄静物，需要柔光棚来创造亮调的环境时，则可以在静物台两边都用灯架架上柔光纸，并用配备标准反光罩的闪光灯或者指向性很好的恒定光源（Dedolight小功率电影灯）来打光，顶光则可以用现成的雷达罩或者柔光箱来替代。这样你便不需要单独购买一个昂贵的静物柔光箱了，要知道一个材质很好的专业静物柔光箱是很昂贵的，许多国产的产品虽然便宜，但是很难与优秀的光质相匹配。

优质的硫酸卷筒纸（柔光纸）一定是影室的必备品，不过摄影只是硫酸纸应用的很小一部分，它还经常用于图纸的绘制、晒图、印刷等，因此并不是每一种硫酸纸都适用于拍摄。太薄的硫酸纸并不是很适合使用，通常100g/m²左右的中厚型硫酸纸会比较好用，它们更耐用且不易破损，如果需要在室外使用，那么牛油纸或许会更加适合。国内现在比较容易买到的英国邦伯（Bamboo）、英国盖特威（gateway）、美国乐堡（LOBO）都还不错，这些纸足够大多数的影室使用。如果你确实需要更加专业的选择，那么可以从国外购买rosco这类电影附件品牌生产的产品，不过它们通常也都很昂贵，而且如果是通过B&H这样的专业摄影器材网站购买，太宽的卷筒纸运输起来也是件麻烦事，所以除非迫不得已，建议还是以国内方便购买的耗材为主。

• 柔光板

柔光纸虽然好用，但是它不太容易被平整地绷紧在金属框上，如果需要水平放置或者按照一定的特殊角度来布置，柔光纸一定会呈现出一定的曲面。如果你正好需要这样的曲面那当然没有问题，可是这样一来柔化后的光线在被摄主体上所呈现的反光面的形状就会改变。还记得人造光源的作用吗？自定义光线在主体上形成的光影、控制整体氛围、体现被摄体的材质，这个光源在主体上的反光就是材质的质感呈现的重要组成部分。

通常使用柔光面料的"反光板"被我们称为柔光板。而面积稍大、呈矩形，能自由拆装与灯架组合或独立架设使用的"柔光板"称为柔光屏。此外，还有一种在大型商业摄影和电影工业当中常使用的超大型"柔光板"，由于它的布面很大（以"米"为单位计）、很轻，与蝴蝶翅膀的特性非常相似，因此得名蝴蝶布。

柔光板使用起来与柔光纸类似，但柔光板的可塑性要更强一些。在放置角度、面积、耐用性上都比柔光纸更好，特别是大面积柔光板的尺寸优势是柔光纸无法达到的。当然缺点也比较明显，质量好又耐用的东西通常也要贵一些，特别是优质的柔光面料，这基本上

柔光板

影棚内可以创造超视觉的效果　光圈f/10，快门1/125s，ISO100

只能依靠进口品牌了，比如美国的Westcott。优质的柔光织物通常都厚度适中、密度大、平整、不偏色、泛有很少的金属质感，当光线照射在它上面时是均匀散开的，当将光源亮度降低，用相机直对柔光面料，照片不过曝太多时，你不会看到面料上从光源中心点有"十字"或者"米字"的散光。而恰巧这些散光是国产普通产品的通病，这对拍摄时高光位的细节呈现是有很大影响的，所以一定要注意。

不过并非国产的就没有精品，毕竟很多优质的面料也是中国生产的，然后出国"镀金"后再卖回国内。最重要的是，我们要承认柔光面料的价值，不能一味地追求低价，成本是质量的保证。国内许多出售高端闪光灯的代理商也会自己找工厂，用优质的面料制作一些价格介于进口产品和国内普通产品之间的定制附件，这也是一个不错的选择，可以在各大城市的摄影城留意一下。

· 柔光伞

柔光伞的结构与反光伞完全相同，准确地说它们和普通的雨伞结构没有太大差异。因此它们也具有了普通雨伞便携的优势，特别是一些三折伞，它们能够缩到很小，特别适合于去外景或者第三方室内临时布光时使用。柔光伞的柔光特性与柔光板的类似，不过它们在被摄体上的反光就会呈现出圆形，甚至可以看出伞形。因此它们多用在肖像拍摄和一部分反光不多的静物拍摄上，如果用它拍摄金属器具，反光通常都不太好看。

作为最便宜的一种控光附件类型，柔光伞的功能直接、尺寸也不会很大，方便大批量地生产来降低成本。因此它也成了摄影人中性价比最高的工具，就好像光学当中的"50mm f/1.8镜头"一般，只需要花很少的钱，就可以得到相对来说超出其实际价格的光质效果。不过实际上，优质的产品价格绝对不可能与普通雨伞的价格相仿。我们推荐直接购买Westcott、LumoPro这些品牌的产品，它们真的是昂贵的雨伞（相对于许多品牌的配件还是便宜不少），不过幸好它们的光质优质是显而易见的，完全是一副"过了这个村就没这店"的霸气姿态。

柔光伞

· 柔光箱

在所有的柔光设备当中，柔光箱一定是最终极的形态，它是对于光质有最稳定控制的附件。同时它也可能是众多控光附件当中单类型号最多的，从不同大小的普通矩形，到条形、圆形、八角形，以及用于某些特殊用途的非常规形状等，种类实在是太多了，它们基本可以涵盖每一种类型的闪光灯光源，以及多数恒定光源。光柔光箱一个类别的产品其实都足以被开发成一个单独的品牌，就像前面说的MOLA"美人碟"一样。实际上Westcott这个牌子出了少数一些价位较低的伞类产品，其他的产品几乎都是各种类型闪光灯光源的柔光箱。而它们本身就是以制作一种专为外置闪光灯设计，可以快拆、闪光灯置于内部，名为"Apollo & Halo"的伞形便携柔光箱而起家的。这种柔光箱能够帮助拍摄者在外置闪光灯的基础上得到接近于影室闪光灯的效果，同时伞形的结构就具备了便携的性能，因此受到很多摄影人，包括职业摄影师的青睐。

柔光箱是反射与柔光相结合的附件，通过反射，光线充满整个箱体，而光线的出射光则通过一到两层柔光材质将大多数直射光改变为散射光，从而将整个柔光箱的白色柔光面都改变为一个照亮被摄体的面状光源。其光质非常柔和，而且面积越大，光线则越多地被填充到画面中的暗部。想想你在阴天时拍摄照片所得到的质感，柔光箱的感觉大致就是如此，不过它始终没有阴天那么强大罢了。通常我们只有在这种明暗比适中的光线环境下才能拍摄出细节细腻的影像，否则很多元素或许就被阴影所取代。这也是为什么暴风雨来临之前所拍摄的照片会让人感觉那么震撼了，原因就在于此，这些特殊的自然光线条件在摄影当中是极为重要的。

　　柔光箱还有一个极为重要的作用，就是给被摄体塑造光的形。不知道你是否还记得那些高档不锈钢厨具、高档洋酒、化妆品、手机广告中，产品表面那些漂亮的高光带，它们让整个照片变得立体、有质感，这多数都是由柔光箱呈现的效果。当然也有一些是使用柔光纸之类的方式完成的，但具体的光线柔化过程都是相同的。其中较大的差异就在于柔光箱具有更强的可控性，并且上面可以加装类似于"蛋格"这样的光质调节附件，且均匀度比柔光纸的更好。同时不同形状的柔光箱对应着不同的光质效果，以及不同的反光形状，这也是柔光纸或者柔光板比较难以企及的。如果有这方面的特性需求，柔光箱还是无可替代的选择。

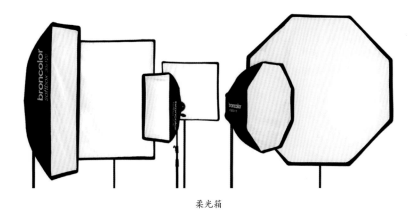

柔光箱

2）消光附件

　　消光附件相对于前两者就简单多了，通常能够直接买到的就是使用黑色织物包裹的消光型"反光板"或者矩形板，它们和反光板、柔光屏的结构是一样的，仅仅是改变了使用的材质。而且消光附件其实多数都是摄影师自己加工制作的，因为这样更加符合影室的具体需求，尺寸、材质都是摄影师用经验堆积出来的。通常摄影师会用大块的泡沫板喷上黑漆做消光处理，使用简便，而且一同把反光板的问题也解决了。另一种方式则是单独购买类似柔光屏那样的金属框架，再使用消光性能很好的织物，比如薄型的深色抓绒、无纺布、黑色绒布，来加工内料，做成消光板。这种附件往往消光效果更好，也更好用，但是摄影师得去试验寻找合适的尺寸、性能良好的织物才行。此外，当拍摄小型静物时，使用黑色卡纸加工成消光板也经常被广告摄影师用到。

　　消光附件经常被用于创造一些极为有质感的画面，比如红酒杯、啤酒瓶、酷酷的肖像等。总的来说，当你需要让你的画面出现一些很干净的暗部，不希望其他灯具影响这部分位置的质感时，就一定能用上它。消光的方式可以分为遮挡和吸光两种，前者很简单，就是把不需要的光线直接遮掉；后者则是吸收来自各方的反光，这可以是主体被照射之后反射出来的光线，也可以是柔光设备的散射光，还可以是背景布或者静物台本身的反光，更有甚者可以是摄影师本人在被摄体上的反光。以上这都是消光附件的作用，虽然它是辅助附件但是同样相当重要。

影响布光的因素

在了解了灯光设备之后，我们就进入了一个实际操作的过程了。光线布置好，能够展现出惊人的效果和创造力，摄影师能够借助布置的光线，来表现自己对于物体或者人物的理解。布置光线，还能模拟各种光效，就犹如在摄影棚内拍摄一场电影，能够布置各种各样效果的光线。但光线又是那么让人捉摸不定，它也并不是那么容易驾驭的。我们要由浅入深地慢慢实践，实践是绝对必要的。只了解原理和方法，只能是纸上谈兵，而实践才能让你获得应有的感受。

布置光线来拍摄，目的就是为了要鲜明地塑造被摄物体的形象，无论是静物还是人物，都将它们放在一个理想的被摄环境中来拍摄，对其形象进行最佳条件的固化。用光线来表现它们的质感、个性、特点，就是布光最基本的出发点。

在布光时，要有创意意识和整体意识，既要利用光线来塑造被摄物体，使它符合创意设计的形象，又要使这个形象具有生命，还要把补光组合和创造形象看作一个完整、有机的系统。

什么是布光？利用光源发出光线，照射在被摄物本身、陪体以及背景所造成的整体照明效果就是布光。所以，在多个光源照射在被摄物体上的时候，摄影师就要根据它们之间相互影响、相互作用等综合因素来考虑如何去布置光线了。那么影响补光的因素有哪些呢？

1. 光的性质

我们利用人造光源去塑造被摄物体，就是要表现物体的形状、色彩以及质感。质感相对于前两者来说，要更为困难，但三者又紧密相关。通常情况下，质感表现到位，色彩也能真实还原，形状也会有相应的塑造。虽然我们在摄影棚内会利用人造光源来强化物体的特征，会在这个基础上做相应的完善。由此可见质感的重要性。总不能把一个人的皮肤拍得像一块棉布，或者一个金属材质的物体拍摄得像一块木头，这些都是不行的。

质感表现得好，物体才能够被真实还原。质感在摄影中表现为对物体的表面结构的组织和性质的反映，也就是说，主要是物体的物理性质。先基于此，再通过摄影师自己的审美去强化基于物体本身质感之后，视觉上带来的感受。比如拍摄一盘菜，拍摄完之后就会让人有一种垂涎的冲动。

根据物体表面的不同材质，来选择不同性质的光来表现这些材质。被摄物体表面的光亮或粗糙感，需要使用不同软硬性质的光来进行表现和刻画，光位的不同又会加剧这种区别。比如我们经常使用的柔光箱，它打出的就是柔光，比较适合表现表面光洁度高的物体，并且可以弱化明暗和反差。因此在拍摄人物时，经常使用柔光箱来拍摄。而表面粗糙的物体，为了表现它的粗糙质感，则需要较低且较硬的光，来增强物体表面凹凸不平的粗糙感，并且加大对比度。

在棚内拍摄，大多数情况下用柔而均匀的光，尤其是主光和辅光，硬光主要起到的是装饰作用。但是随着发展和审美变化，各种光源都会被灵活运用。总之，就是挑选最合适的光去刻画被摄物体。

硬光与柔光的效果对比

2. 光的距离

我们在用手电照明时都会有这样的感受，离近一点的时候，会将物体照得非常清楚，对比度也大。而离远一点的时候，首先是光变弱了，而且对比度会变小，物体并没有离近时看得清楚。

任何光源都具有一定的能量，向四周发散。太阳可以给我们那么强的光线，而夜晚看到星空中的星星，可能是能量比太阳大得多的恒星，却因为距离，光线就变得很弱了。人造光加上反光罩之后，则可以使光线按照一定角度发射，光也是均匀扩散的。但是某一个截面的光，会随着光源的距离变远而变弱。

所以在拍摄照片时，要注意光的距离，想要增大反差对比度时，就要让光源离着被摄物体近一些；反之，要削弱对比度，就要让光源离着被摄物体远一些。

3. 光源面积

光源面积的不同会影响发光性质。我们以阳光为例，当晴空万里的时候，阳光直射大地，形成鲜明的明暗对比，影像非常清晰。这时的阳光可以视为一个点光源。而稍微有云层时的晴天，就像给阳光罩上了一层半透明的扩散屏。虽然物体的立体感存在，但已经被削弱了很多，投影变淡，明暗反差降低。而在阴天时，几乎看不到物体的投影，整个天空像是一个巨大的光源，光线基本上失去了方向性，物体从各个方向都可以接收到光线，反差很小。

光源面积　光圈f/13，快门1/125s，ISO100

　　由此我们可以看出，光源的面积对物体明暗反差的影响很大。所以，在改变光源面积的时候，能够很大程度地影响被摄物体的造型效果。一盏安着标准罩和一盏安着柔光箱的光源同时打在一个物体上，呈现出的反差效果是截然不同的。

　　需要降低物体反差时，就要加大光源的面积；反之，要增加物体表面反差时，则减小光源面积，并且确立光的方向性。

4. 光比

　　在摄影棚内，反差的控制都靠闪光灯或者长明灯等这些人造光源来控制，这也是它最有意思的地方。也就是说摄影师完全可以基于表现物体质感，根据自己的审美来控制光线，主观性更强，也会更加深化物体的质感。

　　光比的控制，就是反差的控制。主光亮一些并且光质较硬，辅光暗一些甚至没有辅光，就是一个高反差的表现。反之，主光柔软，而辅光也较亮，拍摄出的物体就具有较低的反差。分别拍摄男女两位模特，他们的光比运用就要不同。男性则需要较硬并且更加立体的光线去表现男性特质，而女性则适合运用较柔软的光线去表现女性的特质。

　　不同的光比反映了摄影师对于拍摄事物的理解，但是要能够表现物体最基本的特征。在这个基础之上，再做一些深入的刻画，利用不同的光比，来反映物体。

低反差光比与高反差光比

5. 照射角与光轴

照射角，就像相机镜头的相场，主要就是指它的范围。对于同一个闪光灯来说，窄角的反光罩要比宽角反光罩得到较窄但较强较硬的光。比如束光筒的光就要比标准罩的要硬，光线射出的角度也更趋向于直射。

照射角的宽窄会影响被摄物体的反差，就如同光源面积大小所造成的效果。不过，闪光灯的照射角更加容易控制，利用不同的遮光罩、反光罩就可以控制闪光灯的照射角。

束缚光线的附件中，比如束光筒、蜂巢或者锥形聚光罩，都能够很好地集中光线，而柔光罩、反光伞等附件，都可以很有效地加大闪光灯的照射角。ProPhoto的标准罩上面直接标明了，安在不同位置时所呈现的照射角有多少。

当照射角变大时，光会更加发散，有可能在环境中形成漫反射的反射光，从而可以增加被摄物体暗部的层次，并降低反差。反之，利用较小的照射角，增加对比度，从而增加反差，暗部、亮部层次都相应减少。

光轴又是什么呢？就是闪光灯中央区域最亮的部分，当离开光轴时，光线亮度会迅速衰减。就像用手电照亮一面墙的时候，我们可以清晰地看到中间区域很亮，而周围有一圈很明显的过渡，光线从很强的部分过渡到没有光的部分。因此在布光的时候，光轴的角度对被摄物体也有影响。角度越正，反差越大，对比度越强；而光轴越偏的时候，反差越小，对比度越小。但是在实际拍摄中，可以利用光轴偏离物体的方法，将光线打在反光的物体上，从而增加被摄物体的层次。比如拍摄绸缎，直接打光上去，和将光线打在一块大的反光板上再反射到绸缎上，成像的效果是不同的，后者能更好地表现绸缎的质感。有时也会利用光轴周围光线衰减的效果来制造一定的效果，比如拍摄人像的时候，在背景上打一束光，再利用衰减的效果来表现背景的光感，增加被摄人物的立体感。

6. 反射光

在棚内拍摄，各种各样的反射光，能够为画面带来丰富而且意想不到的效果。不同的反光材质和面积，也会带来不同的效果。

大型的反光板和反光屏，能够柔化光线，改变光性，也可以大面积地进行补光。而小型的反光材料，十分方便改变形状，能够在拍摄反光物体时，提供丰富的反光形体塑造。比如拍摄不锈钢的物体，改变反光材料的形状，反映在不锈钢物体上也是一个被改变了的反光材料形状，给摄影师提供丰富的创作灵感。再比如我们没有很窄的柔光箱，那么可以将光打在一个经过自己裁剪的很窄的反光材料上，充当条形柔光箱。泡沫板是很好的反光材料，甚至可以局部加光。比如我们拍摄人像时，主光的面积很大，但是想让面部更亮，那么并不需要在人物面部单独打一束光，将这束光打在泡沫板上，反射到人物面部，能够得到更好的面部质感，光线更加柔和。

反光板经常被用来给暗部补光，比如在户外拍摄人像，就经常看到摄影助理举着反光板，来为人物暗部补光。不过，无论反光作为主光还是辅光，都需要一个方向明确和具有一定强度的光线投射过来。

能够运用好反光，也是摄影师必备的基本素质之一。很多经验丰富的摄影师，宁愿运用反光材料来不断反光，也不愿意多增加一盏灯。这不仅说明了反光的重要性，也说明了它的不可替代性。很多角度都无法布光，或者补光的效果远不如反光之后的效果，而反光材料可以灵活运用。这在静物摄影中被广泛使用。如果拍摄一个鸡蛋，我们可以只打一盏灯下来，然后制作各种各样的反光材料，甚至环绕鸡蛋一圈。这样的补光效果要比大动干戈地运用多盏灯的效果还要好。

7. 灯光数量

我们在棚内拍摄会经常发愁用几盏灯能够达到所想要拍摄的效果。虽然很多商业广告在拍摄时，不同灯光数量可以得到不同的价位，但并不代表谁都可以驾驭多束光线。使用多少灯具，是由拍摄的要求来决定的。

灯光越多，光线会越细腻，效果越丰富，但前提是你可以运用好它们。并不是每次拍摄，主光、辅光、轮廓光、环境光等都能够恰到好处地派上用场。除非是效果的需要，以及摄影师的能力所能达到，通常情况下，少而精准的灯光所呈现的效果要更好。光的数量越少，拍摄出的效果能够具有更明显的方向性，看起来也更加自然。因为通常情况下，阳光都是从一个方向射过来的，它符合人眼的视觉感受。光越多，所带来的必然结果就是投影越多越杂乱，如果摄影师没有足够的能力，是无法很好地驾驭它们的。

如果自己无法驾驭，那么要遵循一个原则，就是尽可能地限制灯光的光位和数量。

低反差布光								
↑	↑	↑	↑	↑	↑	↑	↑	↑
软	大	远	侧	偏	多	弱	散	好
光性	面积	距离	角度	光轴	数量	亮度	聚散	漫射
硬	小	近	正	正	少	强	聚	差
↓	↓	↓	↓	↓	↓	↓	↓	↓
高反差布光								

决定被摄体及影响反差的光源因素，参考《广告摄影技术教程》，刘立宾著

光和影

这里所说的光和影，并不是指物体表面的反差，而是真正的高光和投影。在大多数的拍摄中，光和影都是会不可避免地出现的。在晴朗的天空下，投影只有一个，而高光也只有一个。

然而在棚内拍摄时，摄影师往往会利用高光和投影来造型，让所拍摄的被摄物体变得更加精彩。但事物总有两面性，高光和投影，也是在摄影棚内最难掌控的两个部分，处理不当，就会破坏画面的整体性，并且让人产生不舒服的视觉感受。

因此，在摄影棚内拍摄物体，通常情况下要求投影只有一个，而不像手术台上的无影灯那样，基本上没有投影，或者像走在两盏路灯中间，有两个投影。但有些时候的特殊表达，也会需要多个投影，并且让它们具有丰富的层次与不同硬度的边缘。

而对于高光来说，通过它优美的造型、适合的亮度及丰富的层次，能够很好地突出物体的质感，但要求高光布局合理，不可以出现在它本不应该出现的位置上。数量上也要少而精，多个高光看起来会让物体显得怪怪的，并且容易让物体失去原有的质感。

1. 投影

当光投射在物体上时，它必然会产生阴影。但是这些投影能否出现于画面之中，还有多方面影响它的因素，如物体的形状、位置、虚实等。比如拍摄景物时，将景物放在一个细细的景物台上并且高高架起，这时虽然有投影，但是利用相机拍摄时，也不一定能够看到它。

投影的虚实、明度、大小取决于光性的软硬、强弱、聚散及远近等因素。越硬并且越汇聚的光线，投影轮廓越清晰也越浓重。相反，越柔且照射角较大的光线，投影就会变得轮廓不清晰、轻描淡写。

我们来看看不同的闪光灯及附件，会对投影产生什么样的影响。

1）标准罩

直接使用标准罩可以得到相对较硬的光。标准罩也有很多类型，就像镜头一样，有广角、标准和远射反光罩，它们对光线有不同的影响。它们可以让光线拥有不同的照射角，比如雷达罩，它是略大一些的反光罩，产生略弱的光。不过所有的反光罩都能通过蜂巢来约束光效，使得光线通过更为狭窄的角度，虽然这时光线会变得更弱，但是具有更加明确的方向性。

使用标准罩得到的投影会比较中性，具有明显的形状，但是不会过于浓重，投影的边缘略微不清晰但是可以分辨清楚。正如标准罩的名称，它产生的投影也比较"标准"。

标准罩与其应用效果

2）反光伞

反光伞的光线并不是闪光灯的光线直射在物体上，而是反射光。它的效果相当于光源被放大了，并且产生柔和的光线。但是要注意一点，大号的反光伞必须配备广角反光罩使用，也不能不使用反光罩而直接使用反光伞，否则光线会由于没有反光罩的遮蔽作用而溢出光线，从而影响拍摄效果。

反光伞的中间可以非常清晰地看到更明亮的光点，它可以从中心向外发出强烈耀眼的光。所以，使用反光伞所产生的投影，要比用标准罩产生的投影更加柔和、边缘更加模糊，这时投影形状的辨识度已经很低了，离着物体近的部分较清晰，越远越不清晰，并且变化过程较快，很快就无法辨认清楚投影的形状了，投影的浓重程度也略弱。

反光伞与其应用效果

3）柔光箱

柔光箱，顾名思义，其作用就是将光线柔化。它能够产生柔和的光线、漂亮的本影和同样扩散柔和的阴影。而且柔光箱往往面积较大，在拍摄很大的静物时，柔光箱的面积都要大于静物本身的。所以效果等同于光源面积很大的光源，能够产生较低的反差。

这样较低的反差和较大的光源面积，所产生的阴影就如前面所述，有漂亮的本影，以及扩散柔和的阴影。所以它所产生的投影在形状辨识度上就已经很低了，基本上看不出投影的形状。本影较为浓重，扩散出去的阴影则很淡。根据不同的拍摄需要，这样的投影也时常会被使用。总的来说，柔光箱所产生的投影比较好看。

柔光箱与其应用效果

4）反光板

反光板比较像反光伞，但不同于反光伞的是，反光板所产生的光线要更加柔和，它比柔光箱产生的光线还要柔和。这是因为反光板扩大了光源面积，反光板越大，扩大光源的效果越明显。根据之前所述的影响布光的因素可以知道，这样的光线更加柔和。

这么大的光源面积，通常来说相对于被摄物体都足够大，不仅是静物，即使拍摄人物，一块两三米长的反光板依然是很大的光源面积。因此，可以产生没有轮廓的光线和极低的反差。在拍摄时就像铺开光线、照亮场景一样，所以产生的投影也是辨识度最低和最淡的，看不出投影的形状，更分不清楚投影的边缘。这也是削弱投影时可以用的好方法之一。

5）电影灯

电影灯是现在拍摄时装大片时经常使用的光源种类。它的最大特点就是在灯光前加装了一块菲涅尔镜片，能够使原本是点光源的散射光汇聚成平行光再照射在被摄物体上。这样的平行光，就像太阳照射出的光线。这也解释了使用电影灯所产生的光照效果和现场感都比用闪光灯产生的效果看起来更加自然的原因。

由于是平行光，所以它产生的投影也十分像晴天时阳光照射物体所产生的投影，拥有很高的辨识度，也十分浓重。简而言之就是能够产生清晰的投影。投影从接近物体的部分到投影边缘，明暗变化不大。

6）投影灯

顾名思义，投影灯就是为了产生强烈投影而存在的。它不同于菲涅尔聚光灯的工作原理，而是通过镜头进行工作的。光线能够更容易地被聚集成束，而且更强烈。光照角很小，所以光线汇聚程度十分强烈。

它能够产生最强烈的投影。无论是从投影的辨识度还是从投影的浓重程度上来看，都非常强烈。投影边缘非常清晰，非常浓重。它和反光板比起来，简直是两个极端。反光板所产生的投影几乎看不到，轻描淡写，而投影灯就是为产生清晰强烈的投影而存在的。

由于投影灯的照射角非常狭小，在拍摄较小的静物时还比较好用，而拍摄人物时，就需要拥有一个较大的影棚，有足够的距离可以容纳投影灯与被摄人物，让人物能够全部出现在光源所能照射到的范围内，才能产生这种强烈的阴影。

7）环形闪光灯

环形闪光灯是装在相机上使用的。环形闪光灯围绕着镜头，周围一圈闪光灯，形成一个圆环。因此，中央光源完全是从视线方向产生的，阴影也围绕着被摄物体。

这样产生的效果就是被摄物体边缘之处更硬一些，尤其是当它为圆形时，但能够形成明显的立体感。背景越近，四周的阴影越强烈。而如果是被摄对象平放在背景上，这时会出现完全没有阴影的效果。

束光筒与其应用效果

2. 高光

高光在画面中就像提神的一剂良药，让人一眼就能看到。高光的恰当使用，会增加被摄物体的造型及丰富的质感。有一些物体，都离不开高光的表现。比如不锈钢制品、玻璃及电镀产品，还有金属拉丝产品。如果没有高光，则基本表现不出物体质感。我们看到的所有类似于酒瓶的广告片中，绝对有精彩的高光出现在瓶身上，这样才能显现出玻璃质感。

但是杂乱的、过于刺眼的或排列平均的高光，也会削弱被摄物体的质感，看上去也十分不好看。

有些物体能够强烈地反射光源，产生明亮的高光，比如高光洁度的物体；相反，低光洁度的物体，不会完全反射光源，而是在物体上形成一个由明亮到暗淡的渐变，界限不清晰。理解起来，与之前所述不同光源和附件对投影的影响类似。高光洁度的物体就如同投影灯所产生的投影，十分清晰，界限明显，并且拥有明亮的高光；相反，低光洁度的物体所产生的高光就如同反光板所产生的投影，轻描淡写，看不出光源形状，并且拥有较低的亮度。

不过在实际拍摄中，除物体本身之外，想要增强高光，就需要运用照射角小、光质硬的光线；反之要削弱高光，运用照射角大、光质柔软的光线。

高光在画面中的数量也要进行合理控制，可以多，但前提是拍摄者可以驾驭它们。并且多个高光，也要分清主次，并且排布好它们的位置。还是以酒瓶为例，高光出现在酒瓶的什么位置是很有讲究的。出现在酒瓶中间是一个不可取的位置，会让人看起来像是把酒瓶一刀切，一分为二了。而出现在过于边缘的位置，则可能不会反映出酒瓶瓶身圆柱体的造型感。通常的做法是将高光置于酒瓶中间稍偏的位置。这样酒瓶既可以保留其圆柱体的质感，还能因为高光的出现而让酒瓶整体看起来更加通透。这时我们要考虑的问题，是高光的范围、大小，以及其他高光的位置。

在酒瓶的边缘，是否要出现高光的亮边，还是黑色压暗的暗边，都要根据拍摄目的而定。高光和投影类似，在画面中出现一个为宜，其他的高光都是作为辅助作用而出现的。

布光步骤

如同拍摄照片一样，布光也要有流程。这样做的目的就在于能够让摄影师一步步科学地对画面进行控制。并不是每个人一上来就能轻松地将灯光布置得一步到位，经验再丰富的摄影师也会按照严谨的布光步骤来进行灯光的布置。

通常来说，布光过程分为布光准备和分步布光两个步骤。

1. 布光准备

布光前的准备，就如同拍摄照片要有明确的出发点一样重要。如果不是自己作为练习来拍摄，那么通常情况下都会有客户的需求。摄影师需要在满足客户需求的基础上，来完成自己的创意，对未来画面的设计有一个明确的方向和努力的目标，能够最大程度达到自己预期的效果。

1）画草图

一个严谨的商业摄影师，通常在拍摄前都会绘制草图，寥寥几笔，将画面中的大感觉都确定下来。被摄主体物的位置和构图、大概的光线是怎样的，需要用几盏灯光去表现，配置什么样的附件，这些都是在画草图的阶段就要考虑的。

草图是用来预想画面的，它能够在一定程度上反映出最终拍摄的效果。在拍摄时，摄影师会做到胸有成竹。这个预期画面的草图，主要是画面构图方面的事情，它需要能够反映出摄影师对创意的把控。比如画面中的被摄主体物在什么位置，接下来，画面中的陪体在什么位置，它们之间的关系是怎样的，大小以及所占画面的比例又是怎样的。这个过程与报道类摄影看上去是截然相反的两种构图思维。

棚内拍摄，是完全通过摆布来拍摄的，最初状态下，就是一张白纸。如何让画面丰富起来，需要添加什么东西，画面的光影结构是怎样的，这都是需要摄影师来控制的。不断地添加，以达到自己的创意表达效果。而对于报道类摄影，是在一个客观现实的大场景中，摄影师通过自己的选择去选取构图。两者看起来截然相反，却都是摄影师的自我表达。

在棚内拍摄，还有一种草图需要摄影师来绘制，那就是光位图。当然，这些都是因人而异的，有些有经验的摄影师根据画面的草图就可以做到心中有底，通过画面草图就可以布置光线了。光位图是作为画面灯光布置的辅助而出现的。

光位图的绘制，并不是凭空想象的。刚开始在棚内利用闪光灯来拍摄的摄影师可能还绘制不出光位图。因为摄影师需要对每个灯光和附件都相当了解，它发出的光打在物体上面呈现什么样的效果，这些在心中都有概念，才能绘制出光位图。否则，凭自己的想象，绘制出的光位图，可能看起来像那么回事儿，但是按照这个光位图去布光拍摄照片，效果会与原本脑中的预想有很大的差距。

总而言之，草图可以不画，但你需要能够不借助草图就将画面掌控到位。如果要按照严谨的步骤来，首先要绘制画面的草图。商业摄影中，还有一个好处是可以拿着画面草图给客户看，大家交流和沟通起来更加方便，方向明确。这也给自己创造很大的便利。和客户沟通时，光凭语言，是无法描述清楚的，最后拍出的照片可能会使客户很不满意。所以，请尽量绘制一个草图，无论是于自己还是于客户，都是一件好事。

2）确定相机和被摄物体的位置

站在一个个空荡荡的大影棚内，如何开始下手来进行灯光布置呢？这需要确定两个东西的位置。一个是相机的位置，另一个就是被摄物体的位置。当这两者确定位置之后，灯光就可以开始慢慢地分布布置了。灯光都是跟着这两者之间的关系来走的，它们做出大范围的移动时，灯光必然也会大范围移动。

相机机位是布光的坐标原点，所有灯光都是从机位来审视其造型光效的。然而相机和被摄物体会形成一根轴。这根轴线尽量在影棚内背景的中央区域，当然有时为了构图的需要，也会偏离一些。因此摄影师就要根据影棚的大小来合理设置相机和被摄物体之间的位置，以避免灯光或者背景边缘等地方穿帮。

相机角度的高低和焦距也会影响之后的布光。相机的角度和焦距发生改变，被摄物体在画面中的某些部分可能就看不到了，所以在布光时，那些看不到的部分就不需要来进行布光了。举一个最简单的例子，摄影师用一支24～70mm焦段的镜头来拍摄人物。当用24mm端拍摄全身像的时候，灯光的布置要将画面中的人物从头到脚都要照顾到。不能说是主光打在了脸上，将面部刻画精彩了，然而身上的衣服却没有照顾到。然而客户却又是服

静物拍摄，在很多情况下，并不是一次性就可以拍摄完成的。比如上图中的这把刀，就是经过了多张照片的合成才
得到的。在拍摄时，机位和物体都不能改变，我们要做的只是改变光位。
图中的刀，经过5张照片的合成才得到，刀刃、刀刃上的圆孔、刀柄、每个螺丝以及刀柄背面露出的塑料材质都是
分别拍摄的，经过后期合成才得到这样的效果。
摄影师：郑光艺

装厂，他们需要的就是让衣服更加突出，而不是模特本身。换70mm端来拍摄半身胸像的时候，灯光的布置就不需要再考虑人物的下半身了，这时就将灯光布置的精力全部投放在上半身。

3）画面基调

接下来要做的，就是确定画面的基调。只有当画面基调确立之后，分布曝光才有依据。

画面的视觉感受是什么样的？是需要强烈的光比，还是柔和的光比？画面中的调性是如何？是一张高调的照片还是一张低调的照片？很多因素都会确定画面的视觉感受，也就是画面的基调。

根据不同的画面基调，来做出相应的分步布光。比如在棚内拍摄一个人物，他是男性，并且需要表现他刚毅的面孔。那么这时画面的基调氛围就是硬朗和立体的光感，这有助于突出男性面孔刚毅的特征。可能一个暗调的背景更适合表现他的这般气质。这样画面的基本调性就已经确立，对应这个调性来布置光线，确立主光、辅光的位置、亮度、附件等条件。

精彩的布光

若是拍摄静物,那么它的质感就显得尤为重要。比如拍摄一个不锈钢的锅,就需要利用精彩的高光来表现其质感。一个静物的出现,与它配合的物体是什么样的?或者,只是将它拍摄下来,后期抠图用作其他用途。这些也都是画面基调的确立。如果只做后期抠图,并且合成在别的画面中时,就需要了解被合成画面中的场景是如何的。如果是一个白色的餐桌,那么在拍摄不锈钢锅时,就应该确立一个高调的画面风格,以此来作为布光的依据进行拍摄,这时就不需要让不锈钢锅上出现大面积暗调的深色,而需要以大面积高光为主。高光之间的层次、过渡、明暗,也需要确立下来,再以此布光并选择相应的附件。

在绘制草图之后,并且确立了相机与被摄物体之间的位置,最后确立了画面的基调,这样就完成了分步布光前的准备工作。那么,接下来就开始分步布光。

2. 分步布光

在为布光做好准备之后,接下来就开始分步布光了。根据之前的准备,从草图开始确定了大概构图,并从光位图中来剖析需要用什么样的灯光,用什么附件,确定距离、角度等。在相机和被摄物体之间的位置关系确立下来之后,再定下来画面所需的基调,并以此来布置光线。

分步布光的大概步骤从主光确立开始,接下来对辅光、背景光、轮廓光进行调整和定位。这是一个来回反复的过程,很少有机会一次成功。所以在影棚拍摄时,调整光的阶段是需要经过很长的一个时间过程的。拍摄静物时,基本上在最后才算完成。光在不断地调整,直至达到应有的效果,这才是一张成片。这与人像不同,人像在拍摄过程中很大程度上需要模特来配合,比如模特的表情、神态、动作等,很可能不会很快进入状态。所以拍摄人像时,将光位确定好之后也还要经过很长一段时间的拍摄。当摄影师觉得之前拍摄的照片有些达到了效果,才停下来换下一套动作和衣服,并以此来做出相应的光线调整。

布光过程中,动任何一盏灯,都会产生变化。所以在布光时,通常其他灯光不变,只转动或者移动其中一盏灯,来看其变化的效果,这样才可以科学地调整灯光。

在棚内拍摄,摄影师需要丰富的经验和耐心来调整光线,以达到最满意的效果。也要不断学习和充实自己,看更多的照片,来丰富自己的灵感和提升自己的审美,以在拍摄时不断地突破自我。

1)主光

通常情况下,主光是需要最先确定的。

主光是一个标准,确立了画面中的整体光照效果,之后再增加更多的光线,都不会影响主光的主导作用,它是影响画面的决定性因素。主光的光性、位置、距离等,直接影响着被摄主体物,能够决定画面的基调。基于主光,再增加别的光线,别的光线也会以主光为主导去布置。只有主光的位置确定之后,辅光、背景光、轮廓光等才可以确定下来。

主光的感觉就像当你进入一个黑着灯的房间时,打开屋内中央的大灯,将整个屋子照亮了。这时,你能够看到屋内大环境,包括屋内整个的色调、摆设、氛围,都被这盏大灯照到,从而清晰可见,这就是主光的作用。至于接下来的一些灯光,比如打开一盏台灯或者一些装饰的射灯等,会让屋内看起来更加漂亮,屋内的层次更多,变化更多。但是它们毕竟是装饰性的灯，虽然都独立存在，但如果没有屋内主灯的照耀，看起来则会显得孤零零的，整个屋子不具备整体氛围。通过这样简单的例子，就知道主灯的作用了。它除了能够奠定整个拍摄环境之内的基调，更能够协调所有光线，具有极其鲜明的主导作用。

想象一下主光围绕着被摄主体转动，那么在正前方时，主光射出的光线与相机是平行的，此时如果主光比相机高，那么只有向下的影子。主光顺时针继续转动，到达相机轴之外时，但是没有与相机轴垂直，此时被摄物体拥有明显的明暗关系，亮部与暗部的分布比例，就要靠主光位置来判定。越接近相机轴时，亮部越多，暗部越少，而越接近垂直相机轴的位置时，亮部越少，暗部越多。主光再向后转动，就出现逆光的场景，并且逆光的效果会随着主光再次回到相机轴的改变而增强，直到主光位于相机轴上。与相机相对时，逆光效果最强。

那么主光的位置通常在哪里？在大多数情况下，除一些特殊的表达之外，主光应该在相机与被摄物所形成的轴外，不是在轴上。而且主光通常要高于机位。这样，主光可以使被摄物体形成明显的亮部和暗部，在相机内能够清楚地看到，这也是符合人眼感受和审美的一种明暗分布。

在任何画面中，主光起到主导作用，因此在视觉上看，只有一个主光源。即使运用多盏闪光灯，可能不同的附件相互叠加呈现出一个效果，并且辅助光、背景光、轮廓光一个都不少，也应该在画面中拥有明确的光线趋势。这也就是说，主光的特征应该非常明显。让主光看起来具有明显的导向性，就需要画面中只出现一个投影。无论添加多少其他光线，画面中的投影也只有一个，这就会增强画面中主光指导性的地位。

主光

如此看来，主光拥有较为强烈的投影，则需要用较硬朗和具有明确方向性的光线。比如为主光加装蜂巢、利用反光罩等手段。用柔光箱甚至反光板作为主光，不会出现强烈的光影效果，因此它们通常作为辅助光线出现。但也有少数情况，利用柔光箱作为主光源也可以拍摄出精彩的照片。但这需要被摄主体与周围的物体，以及环境关系的巧妙配合，它们之间本身就会产生丰富的变化。

在布光时，还有一些情况下，摄影师对画面胸有成竹，此时会先布置辅光。原因就是主光可能太强，造型灯的亮度盖过了辅光造型灯的亮度，看不清辅光的作用效果和范围。此时就关掉主光的造型灯来调整辅光，并且拍摄出来查看效果。得到辅光效果之后，再开启主光。

在这里，我们就能看清一个很明显的分步布光顺序，主光之后，才是辅光的布置。

2）辅光

辅光是和主光相互依托出现的。主光在画面中是必要的，而除了主光之外的光线，可能会根据创意来安排，有些情况下是可以不需要的。换句话说，可能除主光之外的光，不是以闪光灯的形式出现的。可以利用其他附件，创造主光的反光来作为辅光。

主光较为硬朗，在被摄物体上产生较高的反差，亮部和暗部都非常明确。有些时候，暗部会因为主光所导致的强烈阴影而看不到细节，然而拍摄的照片又必须要这些细节，就需要加置辅光。加置辅光，是为了让光比达到一个更为适合的状态。

加置辅光，也可以让物体的暗部变得更加通透，从而增加空间感。比如有些过于强烈的主光，照射在被摄物体上时，会出现亮部很亮的情况，暗部一起深藏于黑暗中，这样的造型方式并不会给被摄物体带来丰富的层次和空间感，而辅光就可以帮助主光，照亮暗部，得到适合光比，营造出精彩的空间感。

但是，辅光毕竟是辅光，不可过于强烈，光质也不易过硬，否则会在被摄物体上造成多余的投影，影响到主光的效果。注意，辅光不可喧宾夺主。我们在拍摄证件照时，经常会遇到面前两个柔光箱打在面部的情况。这两盏灯都很平均，也就是俗称的蝴蝶光。由于运用柔光箱，所以呈现的效果还可以，并没有太明显的投影。试想一下，如果将它们面前的柔光布去掉，那么两侧光线都变硬，打在人面部，鼻翼两侧就都会出现明显的影子，这是一种非常丑的状态。所以，主光一定要明确，相应地，辅光就一定要找准自己的位置，为主光照顾不到的地方进行补光。

削弱阴影的方法我们在之前也看到了，辅光尽量使用较柔和的光线。比如使用柔光箱，或者利用反光材料来做辅光，这样的情况所产生的阴影都是最不明显的。

3）背景光

进入影棚看到别的摄影师拍摄照片时，经常可以看到一盏灯朝向后面，为照亮背景而存在。这就是背景光。如同辅光，背景光也不是必要的，它同样可视创意而定，并不是必要存在的。不过，背景光的作用十分明显，主要有两点：一是烘托被摄主体，二是隔离背景。

烘托被摄主体时，要看被摄主体与背景之间的距离，还有主光的范围。比如被摄主体离着背景很远，然而主光也大多照射在被摄体上，那么背景会暗下去，即使摄影棚是白色的墙面，也可能因为曝光时间过短而暗下去呈现深邃的黑色。这时，如果需要表现阴郁的气氛，以及衬托主光的鲜明，就像伦勃朗光似的感觉，那么背景光就需要非常暗，点到为止，让人物的暗部与背景的暗部稍作分离即可，不要混为一谈。这时要切记背景光不宜过量，否则会让画面中被摄主体后面出现一个莫名其妙的亮区，夺人视线，但又毫无意义。再或者，由于表达的需要，索性可以不要背景光。

当被摄主体距离背景很近时，主光所投射出的光线给被摄主体造成的投影很有可能会出现在背景上，那么这时用背景光去打亮背景，可以消除墙面上的投影，也可以降低其输出功率，让投影在背景上淡淡地呈现出来即可。这样拉开层次，让被摄主体鲜明地"站"在背景前。

如果大面积地照亮背景，则需要做到让背景光均匀或者均匀变化，否则会让原本干净的背景看起来杂乱，破坏了原有的气氛。

隔离作用，主要就是让被摄主体从背景中"站"出来，如同之前所说的被摄主体距离背景太远的情况。被摄主体的暗部容易和背景混淆，那么就需要背景光让它们分离。还有一种办法，就是加置轮廓光。但也可以同时使用轮廓光和背景光。

背景光

背景光的渐变也是一种很好的视觉效果。我们都知道，光轴中央区域最亮，而离开光轴之后，亮度会迅速衰减。光线的汇聚程度可以让这个衰减的过渡可大可小，可明显可弱化。那么此时，就可以利用这样的变化来烘托气氛。《时代周刊》的封面，就经常运用这样的背景光去拍摄人物肖像。人物后面就像有一圈光环，渐渐过渡到周围稍微暗下去的区域。

在现代影棚内拍摄，还有一种情况是利用背景光将原本白色背景完全照亮，这样做的目的是方便修图师后期抠图。纯白的背景，十分有助于抠图。那么这时就要注意，背景光要亮，并且均匀。至于多亮合适，要看它呈现出的效果。不可以亮到反射出的光线像是主光一般，呈现逆光效果，并且会让被摄主体边缘变得模糊不清。这样的背景光是不可取的。

4）轮廓光

轮廓光的功能在于塑造被摄物体的轮廓。塑造轮廓的作用在于与背景的分离，或者增加被摄物体的立体感与空间感。拍摄人物和拍摄静物的轮廓光可能在灯光布置上有很大不同。

拍摄人物时，轮廓光大多从背景方向投射过来，是一种逆光的形式，从斜后方射向被摄人物。也可以是从两侧射来，形成夹光。轮廓光可以亮一些，比主光的亮度还要亮，这样人物看起来会很立体。但是随着主流审美观的变化，这样的轮廓光时而流行，时而落寞。总之，轮廓光可亮可暗，它的亮暗，取决于摄影师的创意。尽量将轮廓光打在露出较窄的一侧脸颊，这样能起到点到为止的作用，并且不会抢去主光的效果。

拍摄静物时，轮廓光的运用就更为宽泛，它的布置也更加灵活。因为静物千变万化，什么样的静物都有，轮廓光的运用就要更加小心。比如一些手机，它转角的细边非常细小，那么这时设置轮廓光，就要让它足够亮并且足够精细。甚至有些时候，这样细小的轮廓光拍摄不出来，而需要在后期中画出来。毕竟相机有自己的局限性。而面对一盘让人垂涎的菜时，轮廓光就可以非常宽泛，安装标准罩从后面投射过来，给人一种透亮的感觉。尤其是油水比较大的菜，这样的轮廓光会让整个画面一下就通透起来，立体感十足，并且很有效地表现出菜的油亮亮的质感。

在拍摄静物时，轮廓光也经常使用反光材料来实现。尤其是一些圆形的但是弧度不大的高光洁度物体，比如不锈钢锅的锅盖。那么这时设置轮廓光，一般的柔光箱都不够大。可以在顶部架上一块很大的反光板，面积要比不锈钢锅盖大很多。然后利用反射光来拍摄轮廓光，就会得到非常漂亮的轮廓光，具有一定自然的过渡，并且范围足够包含整个锅盖。

5）装饰光

装饰光，就像进入一个房间内所安装的一些射灯，用来表现房间内一些特殊的装饰。装饰光也是同样的作用，为画面增加更多的细节表现。这是十分细致的一些光线变化，为的是更好地表现被摄物体。

它是单独存在的，不会对主光、辅光、背景光、轮廓光等任何一种光线起辅助作用。因此它是局部的、表现细节的一种光线。

常见的装饰光，比如发光、眼神光等。再比如拍摄静物时，给产品的logo专门加装一个装饰光用来突出它。还有一些细小的过渡或者反光，都需要利用装饰光来做文章。

6）综合审视

如同修图的步骤，从整体到局部再到整体，布光也是这样的过程。主光的架设是整体光环境的表现，也奠定了画面的整个基调。而架设别的灯光，比如辅助光、轮廓光、背景光等，都是在细化布光，让被摄物体得到更好的造型和空间感，同时也让画面变得更加富有层次。在架设完这些灯光之后，还需要回过头来审视一遍整体效果。

现在在棚内拍摄照片要方便得多。相机连接电脑，每布置一次灯光都可以拍摄一张看看效果。对于摄影师来说，几乎没有成本，所以可以不断这样来检查布光效果。

检查整体的布光效果，看看主光是不是依然在画面中充当主导光线；或者背景光是否很好地分离了被摄物与背景；轮廓光是否很好地表现了被摄物的轮廓等，都需要在不断审视和调整中完善。

那么主导最后综合审视布光效果的方向，就是摄影师对画面心中预期的效果。在拍摄前，摄影师经过草图绘制及光位图的表现，直到经过布光最后拍摄出照片，指引他不断走下去的方向就是心中对于画面的预想效果。这个效果既能很好地表现被摄物体本身的造型、质感、气质等，还要贴合摄影师心中的创意，让布置出的光线更加深化被摄物体本身的气质。

经过这样一个流程，基本上就已经可以拍摄出能够使用的照片了。

典型静物拍摄

静物摄影中，最重要的，就是利用光线表现静物的造型、质感和色彩。这三者是静物摄影的三要素，缺一不可。运用那么多的闪光灯设备、附件，就是为了表现静物的这三要素。否则，不能算作合格的静物摄影，三者缺少任何一项，都只能说那是一种艺术摄影，借助静物来当作自我表达的元素和符号在进行创作。

静物摄影中，最常见的就是产品摄影。产品摄影师除了要给静物本身赋予这三要素，可能还要兼顾品牌的气质，去创造适合的创意来表现静物本身。

静物种类繁多，每一种静物又有千千万万种拍摄方法。所以，我们如何在种类繁多的静物中冷静地分析静物，并运用适合的光线去表现它们呢？静物最重要的就是质感表现，那么我们就根据质感，将静物分为四大类。

1. 吸收型物体

吸收型物体表面都比较粗糙，可以清晰地看到其表面的纹理，比如粗糙的墙面、纸张或者木头等。这些物体的特征都是可以吸收光线，并且反光率很低。

表面粗糙的吸收型物体

即使是吸收型物体，它的表面也分为粗糙型和平滑型两种类型。那么表面粗糙的吸收型物体，常见的有木材、石器等。通常来说，一盏逆光的硬光，能够很好地表现出表面粗糙物体的纹理质感，能够加剧物体表面粗糙纹理的对比度，有效地表现出物体表面的质感。

表面平滑的吸收型物体

表面平滑的吸收型物体，常见的有纸张、亚光塑料等物体。表现它们的质感，运用扩散光或者间接光源比较好，不仅能够表现出物体表面的质感，还不会那么强烈，看起来非常细腻。光线的角度可以适当提高。

2. 反射型物体

反射型物体表面光洁度非常高，它也是很容易出效果的一类静物，但拍摄起来也比较难掌握。由于光线在它们身上几乎是"裸体"的，物体本身能够很有效地将光线反射走，所以，光源的形状、面积、亮度等信息能够很客观地反映在被摄物体表面上。这就像一把双刃剑，运用好了，能够得到非常好的效果，而运用不好，就会出现杂乱无章的混乱效果。

灯架、三脚架、相机等都很容易被物体反射进画面中。有些时候，你会为了一点点细微的变化而头痛好久，可能都无法解决。物体表面也会出现极大的反差，亮部可能直接过曝成白色，而暗部则有可能会出现欠曝呈黑色的状态。所以，在反射型物体表面创造光源的渐变、分离多个高光之间的层次、对暗部适当补光，都是需要精确细微地进行调整的。

表面全反射的物体

表面全反射的反射型物体，表面光洁度极高，就像一面镜子，将入射光全部反射回去。如果是多个物体，它会轻易被周围物体所左右，周围物体可以轻松地被反射。

常见的全反射型被摄物体也非常多，比如酒瓶、不锈钢锅、闪光的金属等，都是全反射型被摄物体。因此，在控制它们的光线时，光源一定要具有光性柔和并且均匀的光线，柔光箱是不错的选择。即使没有柔光箱，也一定要在闪光灯前加装柔光屏或者硫酸纸等能将光线柔化的附件。

我们来看一下下面的一个光位图，利用多盏闪光灯，并且柔化光线之后，让物体表面出现多条漂亮的高光，主次分明，并且过渡柔和。

光位图

效果图

表面半反射的物体

表面半反射的物体，光洁度要低于全反射物体的，但也具有较高的光洁度。常见的物体有光滑的塑料、绸缎等。它们虽然有明亮的高光，但是并不能清晰地反射物体。也就是说，光源的形状和面积不会被反射出来。但是要防止周围杂光进入被摄物体。

通常解决的办法就是用大面积的反光板或者大面积的柔光屏作为主光去拍摄，这样不仅能够得到精彩的高光，还不会出现周围兼顾不到的情况，同时物体质感也能很好地表现出来。

光位图

效果图

3. 传导型物体

传导型物体，可以将光线传导进来，也就是通常所说的透明物体。透明物体能将光线导入物体内部，并且传导、扩散、反射和折射。传导型物体也是经常可以见到的，这就不仅仅要拍摄出物体表面的材质特征，还要利用光线在物体内的变化，让物体内部结构也变得生动起来。根据创意的不同，有些时候需要让透明物体看起来晶莹剔透，而有些时候则需要让透明物体的透明质感看起来被削弱了。

这些奇异的效果，也都可以通过光线控制来实现。

同样，传导型物体也分为两种类型，一种是全传导型物体，另一种是半传导型物体。

全传导型物体

全传导型物体中，最常见的就是玻璃，与玻璃类似的，还有水晶、器皿等一些容易见到的全传导型物体。

在这些透明物体中，光线的反射与折射，与光线投射过来的角度有关。光的入射角越小，反射量越多，这是表现玻璃质感的重要因素之一。

我们如果拍摄一颗钻石，就会有非常明显的感受，有些面透明质感很强，几乎看不到任何光线，像是暗了下去，而有些面却像一面镜子，将光源的光全部反射回来。但是，我们就是要利用这些光线变化，来塑造出其晶莹剔透的质感，包括一些藏在后面的棱角，都可以运用光线的变化让它或出现或隐藏。

由于全传导型物体这样特殊的性质，所以在拍摄时，灯光的角度最好是高光位或者底光这样大角度的光线设置。背景的处理，要根据物体是什么类型的固有色来定，总之需要拉开差距。比如拍摄透明水晶，适合用黑色背景，而深色酒瓶，则用白色背景。

光位图　　　　　　　　　　　　效果图

半传导型物体

半传导型的透明物体，就像是蒙了一层纱的全传导型物体。比如一些磨砂质感的酒瓶，就是典型的半传导型物体。全传导型物体，只有在特殊角度下才可以看到入射光，而半传导型物体可以看到入射光，并且在介质中扩散，呈现幽幽的发光状态。

浑浊的水或者油，也是半传导型的物体，在拍摄时，要刻画出这样的质感。通常来说，除了主光的位置，最好在后方打一盏逆光灯，将半透明物体照亮、照透。

光位图   效果图

4. 复合材料

  静物的种类有千千万万，并不是所有的静物都是单一材料。我们见到的大部分静物，其实都是复合材料，也就是说，在一个物体中，不止有一种材质，它可能复合了多种材质。不同的材质有着不同的特点，所以在拍摄中，要对每种材料都进行适当表现。

  由简入繁，先将单一材质练习拍摄到位，每种大类型的材质都能用光线表现得得心应手之后，复合材料也不在话下。复合材料中，同样可以归纳为两大类，一种是材质质感接近的复合材料，另一种是材质质感差距很大的复合材料。

质感接近的复合材料

  材质接近的复合材料比较好处理，我们只需要把两种或多种不同质感的材料按照相同质感的方法去拍摄，但会略有不同。因为质感的接近，所以使用光源的光性也接近。但是，它们之间可能也会略有不同，尤其是纹理结构、色彩等具有较大的差异。那么要将主光进行不断的调整，以得到较小的反差，让本来就存在反差的不同材料之间减小反差。所以，尽量用可以减小反差的布光方式去布光。比如，在灯前加一块硫酸纸，或者利用反光来拍摄。

质感差距很大的复合材料

  质感的差距如果很大，会给布光带来不小的麻烦，尤其是当物体体积很小的时候。

一个物体，可能存在两种截然不同的材质，光洁度存在两极分化。比如一个不锈钢锅上却是一个木头手柄。这些不同质感的材料，在运用时光性差距会很大，所以，在同一场景内，比较难用相同的光线来表现。

那么该如何去做呢？过去，会让主光的光性趋于中性，这样两种质感截然不同的材质在一定程度上就做出了相互的某种妥协。我们还会看物体中哪种材质是需要重点表现的，或者哪种材质面积大，那么就需要着重表现那个材质。

如果光源面积太大，无法将两种材质都兼顾到，还需要制作特殊的道具对光线进行细微的控制，以改变局部的光性，对不同质感的材质分别对待。

但是，现在随着数码摄影的发展，可以较为轻松地解决这个问题。将相机的机位固定，然后布置不同的光线来拍摄不同质感的部分。最后在电脑上将多种不同质感的材质部位的照片合成为一张照片。这也是现代静物拍摄一个很明显的趋势，摄影师可以把更多精力放在拍摄本身这件事儿上，想创意，想表现手法，而对于技术层面的内容，前提是扎实，但是越来越不被束缚手脚了。

棚内人像

棚内拍摄人像，也是广泛被使用着的拍摄人像的方式。棚内拍摄人像，经常与广告大片、明星、时尚这些关键词联系起来。其实，这只能算作棚内拍摄人像的其中一个类型。

在棚内拍摄人像，可以拍摄人物动态、人物服装、人物肖像、人物关系等，各种各样的拍摄方式都会被运用。但其实，掌握静物的拍摄方式之后，在技术层面，人像摄影要比静物摄影简单一些。毕竟，人物所裸露出来的肌肤，在质感上是固定的。即使是不同的人种，比如黑种人、白种人或者黄种人，在肌肤质感上都比较接近。也无论这个人来自哪里，他/她是欧洲人、亚洲人，还是非洲人，在人体结构上也是相似的，除面部特征有差别之外。

因此，从技术层面来说，拍摄人物，要比拍摄种类繁杂的静物要容易一些。

使用立方蜘蛛可以非常方便地在后期冲图阶段统一校准同光源照射下的照片白平衡，
同时上方的银色反光球也能够记录布光的情况，方便后期查阅

但这并不代表拍摄人像要简单得多。因为，人物的特征和气质，要比静物复杂并充满了不确定性，这样的感受大多来自摄影师和观看照片的人们的心理。想要传神，就是一件非常难的事情了。

不同的摄影师，经历不同，观察的视角和发现人物本质的方向也不同。所以，他对于每个被摄对象的理解也不同，这直接可以反映在照片上。他选择的光线、人物神态、人物气质，也具有非常明确的方向性。所以，在Richard Avedon镜头下的毕加索和《生活》杂志著名摄影师Gjon Mili镜头下的毕加索就有着截然不同的表现。他们拍摄照片的方式、形式、用光，都表现自己对毕加索不同的理解。虽然这应该是肖像摄影那一章应该说的事儿，但在这里就是为了表明，拍摄人物，绝对不是一件简单的事情。在技法上，你可以运用拍摄静物的技法，但是，在拍摄人物气质方面，却是一件非常难的事情。这需要摄影师拥有多方面综合的能力。

拍摄人物，摄影师需要根据人物不同的特征来运用适当的光线去表现他们。如何抓住人物的眼神、特质，这并不是我们用几句话就能说清楚的。但是，人物毕竟有年龄、人种等一些区分，所以，可以讲述如何用适当的光线去表现适合的人群。

1. 标准的人像

说是标准的人像，其实只是一种中庸之道。拍摄人像并没有标准的概念。只是，运用这样的光位去拍摄照片，无论你镜头前是什么样的一个人，在光线下都能看起来拥有不错的气质。它是一种中庸的选择，虽然并不那么精彩，但也不会让你出错。

主光具有明确的方向性，而辅光也恰当地弥补了主光的不足。轮廓光勾勒出人物面部侧面的形象，再配合适当的背景光，让人物自然地从背景中分离出来。

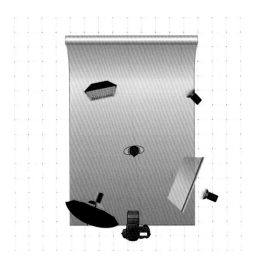

光位图

光位效果

2. 用柔和的光线去表现儿童

儿童的皮肤质感是最好的，无论是软光或者是硬光，打在儿童身上，都能得到非常不错的效果和皮肤质感，这就看摄影师需要如何去表现儿童的特征了。不过，拍摄儿童时，尽量用软一些的光线，让儿童原本就细腻的皮肤看起来更加细腻。

年龄过小的儿童，在拍摄时，如果用较硬的光线去拍摄，闪光灯闪烁的一瞬间，会让他非常害怕，在拍摄过程中也不一定能得到好的效果。所以，用柔光箱是一个不错的选择。

就光的数量来说，也不用太多，毕竟儿童并没那么多复杂的需要表现的地方。通常来说，面部稍斜的位置是主光的位置。稍微利用反光板来作为辅光给阴影增加一些层次即可。毕竟拍摄儿童并不需要多么绚丽和复杂的光线，儿童天真烂漫的眼睛才是画面中最提神的。

光位图

光位效果

3. 充满活力的女孩

年轻的女孩，拥有让人羡慕的俊俏面孔，年轻的活力展现在她们的脸上。我们要用较为硬朗和简洁的光线去表现年轻女孩的气质。画面中的一切都显得轻松、可爱。

为了表现这种生机勃勃，主光的主导性要十分明确，面部亮起来，让女孩看起来更加漂亮。与之配合的，还有她的动作和眼神，这会让画面中的人物更显活力。

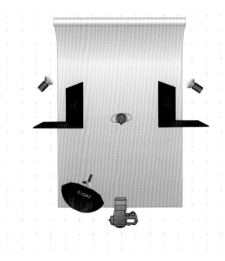

光位图

光位效果

4. 富有气质的中年女性

　　中年女性，大多已经做了母亲，也经历过人生的许多起起落落，眼神中已经透露出安详，但也显得坚定。但毕竟岁月不饶人，她们的皮肤已经出现一些细微的变化，年龄的痕迹已经慢慢显现出来。

这就更不适合用强硬的光线去表现她们了，画面中的光线要更加简洁。杂乱的光会与她们眼神中的安静气氛不符。这时，大型反光板是一个不错的选择。稍加一点有层次的深色背景，能更好地烘托这样的气氛。

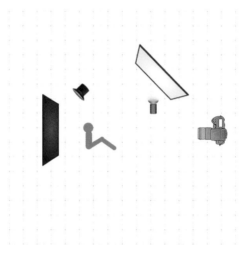

光位图

光位效果

5. 黑珍珠

黑珍珠用来形容黑色人种中的美女。女孩并不一定是只有浅色的皮肤才算美，一个有气质的女孩，即使肤色很黑，也无法掩盖她本身散发出来的美丽。

运用适当的光线，能更好地烘托出深色皮肤女人的气质。不宜使用过亮的光线去改变她深色皮肤原本漂亮的质感，相反，应该深化这样的深色皮肤，让她尽显光彩。

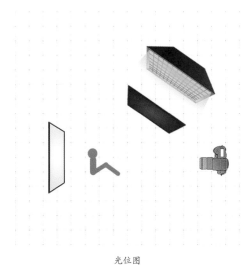

光位图

光位效果

6. 刚毅的男性

男性的特征非常明显，尤其是成熟的中年男性，有着立体的面庞和坚定的眼神。我们需要用光线去刻画人物面部的立体感，并且配合更多的光线，来加深这样的立体感。

男性适合用较为硬朗的光线，为的就是更加突出男性面庞的立体感。背景要简洁，不宜用过多的光线去添加冗余的信息。但面部刻画确实是比较考验功力的一种表现手段。主光的导向性要非常明显，尤其是投影的形状。不要像女性一样柔和，让它硬朗起来。鼻翼打出的侧影，是什么形状就让它真实地出现在面部。后侧面射来的轮廓光，更能增加刚毅的气质。

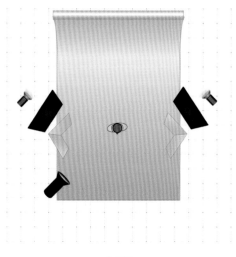

光位图

下页图：刚毅的男性

总而言之，拍摄男性时的光线，就是要硬朗。这与拍摄女性时的用光是截然不同的。如果用拍摄女性的光去拍摄男性，会大大削弱男性本身的气质。毕竟每个男性都不希望自己面部的光线看起来平平的，就像一个女性似的。

后　记

改这本书的时候，我又翻开第一版《光的美学》后记，看看结尾的时间，已经是10年前了。合上最后一页，我深深地喝了一口咖啡，爱摄影工社已经栉风沐雨地前行15年了。

在过去的15年里，爱摄影工社已经出版了十余本高品质的摄影图书。回想起2005年，赵嘉和我还是两个意气风发的小伙子，我们共同立下心愿，写一本适合中国读者阅读的"纽摄"，也就是《一本摄影书》。后来我们也先后到了纽约，一心"朝圣"的我悻悻而归，原来在中国摄影人心中"不可一世"的纽约摄影学院，却是凋敝不堪默默无闻的一幢小楼。

正如一心学习《大闹天宫》的宫崎骏失望地回国后开始奋发图强的心情，彼时的我们也决定靠自己写出超越经典的摄影书。之后我们的"爱摄影工社"就以每年打造一本高品质图书的速度，出版了《摄影的骨头》（专业数码摄影流程）、《光的美学》《摄影构图书》（曾经用过"电光石火"这个名字）、《顶级摄影器材》《上帝之眼》《通往独立之路》等一系列书籍。那个曾经在蓝图里的高品质摄影书体系，在10年中一部部变成书架上的里程碑，那些披星戴月在咖啡厅壁炉旁度过的日子，每一天都是追赶读者脚步的充实时光。

没想到的是，最快追上我们出书速度的，却是时代；3D、VR、微单、无人机、稳定器、手机……几乎每一年换一个议题，让这15年如同一场魔术表演一般，眼前的世界焕然一新，更多设备涌现，也让更多的人养成了拍摄的习惯。我们从没想过有朝一日，"拍照片"能成为大家的"生活日常"。当然这也是我们最快乐的，就像一部永远猜不到结局的电影。现在我们更新每一本书的时光，都像是回看这黄金时代的影集。每一行字，都是摄影人青春的印记。

《光的美学》第一版每一章前面的文字，看似与摄影不直接相关，却是我心中一直激励着自己的信念。我们始终希望能有更多人能真正站在一起，为一台新机心动、为一片镜片钻研、为一幅作品欢呼，那些单纯天真的时刻，是每个爱摄影的人独享的快乐时刻。这些时刻，这些陪伴过我们的画面、文字，就是我们的生命。

如果这一版《摄影用光书》要从《光的美学》当中留下一句话，那一定还是这句："Es una cosa muy seria"（这是一项非常严肃的事业）。

于然

2021年3月

P289、P297、P298、P300照片由郑光艺拍摄。

P5、P119、P146、P148、P151、P152、P154、P157、P193、P 片中赵嘉拍摄。

未署名作品由华盖创意（www.gettyimagees.cn）提供。器材   厂家提供，部分说明图片由爱摄影工社拍摄。

说明：本书【R】标记的图说系因图片代理或摄影师不能确认拍摄数据而由评估得到。